口絵 1 スーパーカミオカンデ測定器の内部を下から見た写真(写真提供:東京大学宇宙線研究所・神岡宇宙素粒子研究施設).水の上に浮くボートに乗った人との対比から,測定器の巨大さがわかる(本文 p.66,図 7.2 参照).

口絵 2　T2K (Tokai-to(2)-Kamioka) 実験の概略図（本文 p.44，5.1.2 節参照）（T2K 実験グループ，KEK/J-PARC 提供）.

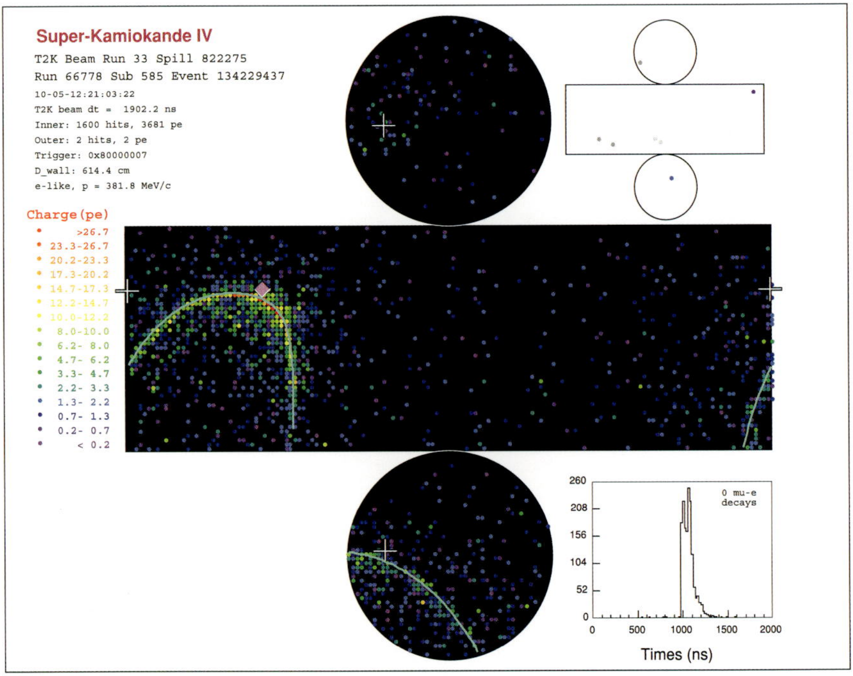

口絵 3　T2K 実験で最初に見つかった電子型ニュートリノ候補（T2K 実験グループ提供）．スーパーカミオカンデ内側の展開図で，色が光電子増倍管で観測された光の量を表している（本文 p.46，図 5.1 参照）.

Frontiers in Physics 9

ニュートリノ物理

ニュートリノで探る素粒子と宇宙

中家 剛 [著]

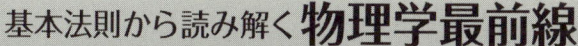

基本法則から読み解く**物理学最前線**

須藤彰三 [監修]
岡 真

共立出版

刊行の言葉

　近年の物理学は著しく発展しています．私たちの住む宇宙の歴史と構造の解明も進んできました．また，私たちの身近にある最先端の科学技術の多くは物理学によって基礎づけられています．このように，人類に夢を与え，社会の基盤を支えている最先端の物理学の研究内容は，高校・大学で学んだ物理の知識だけではすぐには理解できないのではないでしょうか．

　そこで本シリーズでは，大学初年度で学ぶ程度の物理の知識をもとに，基本法則から始めて，物理概念の発展を追いながら最新の研究成果を読み解きます．それぞれのテーマは研究成果が生まれる現場に立ち会って，新しい概念を創りだした最前線の研究者が丁寧に解説しています．日本語で書かれているので，初学者にも読みやすくなっています．

　はじめに，この研究で何を知りたいのかを明確に示してあります．つまり，執筆した研究者の興味，研究を行った動機，そして目的が書いてあります．そこには，発展の鍵となる新しい概念や実験技術があります．次に，基本法則から最前線の研究に至るまでの考え方の発展過程を"飛び石"のように各ステップを提示して，研究の流れがわかるようにしました．読者は，自分の学んだ基礎知識と結び付けながら研究の発展過程を追うことができます．それを基に，テーマとなっている研究内容を紹介しています．最後に，この研究がどのような人類の夢につながっていく可能性があるかをまとめています．

　私たちは，一歩一歩丁寧に概念を理解していけば，誰でも最前線の研究を理解することができると考えています．このシリーズは，大学入学から間もない学生には，「いま学んでいることがどのように発展していくのか？」という問いへの答えを示します．さらに，大学で基礎を学んだ大学院生・社会人には，「自分の興味や知識を発展して，最前線の研究テーマにおける"自然のしくみ"を理解するにはどのようにしたらよいのか？」という問いにも答えると考えます．

　物理の世界は奥が深く，また楽しいものです．読者の皆さまも本シリーズを通じてぜひ，その深遠なる世界を楽しんでください．

須藤彰三

岡　真

まえがき

　ニュートリノはどこにでも存在するありふれた素粒子であるが，その観測が非常に難しく，謎多い素粒子である．2015 年の梶田隆章博士のノーベル物理学賞「ニュートリノ振動の発見」は，素粒子物理学の標準模型を超えた大発見であった．そして，その発見はさらなる謎を呼び，「ニュートリノの質量はなぜ軽いのか？」，「ニュートリノが混ざり合う，その混合パターンはどうなっているのか？」，そして「ニュートリノと反粒子ニュートリノは対称なのか？」と，その疑問が尽きない．その謎の解明に向けて，岐阜県飛騨市神岡町の地下で大型ニュートリノ測定器「スーパーカミオカンデ」や「カムランド」が稼働中であり，神岡から 300 km 離れた茨城県東海村からは世界最高強度のニュートリノビームが発射されている．ニュートリノの研究は，素粒子の標準模型を超えた物理を探っており，今後のさらなる発展が期待できる．また，2002 年の小柴昌俊博士のノーベル物理学賞「ニュートリノ天文学の開拓」から，ニュートリノによる宇宙観測の幕が開き，新しい宇宙像の構築が期待されている．2012 年は，未知の宇宙からの高エネルギーニュートリノが見つかっており，今後の「ニュートリノ天文学の展開」が興味深い．

　本書では，最先端のニュートリノ研究を日本で行われている実験を中心に紹介する．日本人が日本のニュートリノ実験で 2 回のノーベル賞を授賞したことからわかるように，「ニュートリノ研究は日本のお家芸」と呼ばれるほど，世界から注目を受けている．筆者が行うニュートリノ実験 T2K（東海から神岡を結ぶ長基線ニュートリノビーム実験）も，約 400 名の外国人研究者が集う国際共同研究である．このように，非常に活発なニュートリノ研究の最前線を本書で紹介する．

　本書の内容は，初学者も順を追っていけば最先端のニュートリノ研究を無理なく学べるようになっている．また，本書で学ぶ「ニュートリノ物理の基礎」は，今後素粒子物理や宇宙物理をもっと深く学びたいと考える学生にとって，大

いに役立つ知識となるだろう．

　本書で紹介されているスーパーカミオカンデ実験，K2K 実験と T2K 実験の成果は，国際共同研究の成果であり，この場を借りて共同研究者全員にお礼申し上げます．また，日本におけるニュートリノ研究のリーダーであった故戸塚洋二先生，K2K 実験と T2K 実験の初代代表者の西川公一郎先生，そして私がニュートリノ研究を始めるきっかけを与えてくださった山内泰二先生に，心から感謝しています．

　本書の原稿をまとめるにあたり，辛抱強く付き合って下さった共立出版の島田誠さま，監修の岡真先生に，深くお礼申し上げます．また，京都大学の久保一君に最初から終わりまで文章の校正を手伝って頂き，たいへん感謝しています．

2016 年 2 月　　　　　　　　　　　　　　　　　　　　　　　　中家　剛

目 次

第1章 はじめに　　1

1.1 なぜ，素粒子を研究するのか？ 1
1.2 なぜ，ニュートリノなのか？ 2

第2章 素粒子物理とニュートリノ　　4

2.1 素粒子の標準模型 5
　2.1.1 クォークとレプトン 5
　2.1.2 力を伝える粒子と3種類の相互作用 7
　2.1.3 ヒッグス粒子 7
2.2 ニュートリノ 8
　2.2.1 ニュートリノ仮説とベータ崩壊 8
　2.2.2 ニュートリノの発見 9
　2.2.3 左巻きニュートリノとパリティの破れ 10
　2.2.4 ニュートリノの種類数 10

第3章 ニュートリノ質量　　12

3.1 ニュートリノ質量：ディラック質量とマヨラナ質量 13
3.2 ニュートリノ振動 15
3.3 ニュートリノ質量の測定 19
　3.3.1 ニュートリノ質量の直接測定 20

　　　　3.3.2　ニュートリノ質量と宇宙の進化の歴史 20

第4章　自然ニュートリノ観測　22

　4.1　太陽ニュートリノ 22
　　　　4.1.1　カミオカンデ実験 24
　　　　4.1.2　スーパーカミオカンデ実験 24
　　　　4.1.3　SNO 実験 26
　4.2　大気ニュートリノ 28
　　　　4.2.1　カミオカンデ実験 28
　　　　4.2.2　スーパーカミオカンデ実験 31
　4.3　地球反ニュートリノ 33
　4.4　超新星ニュートリノ 35
　　　　4.4.1　超新星ニュートリノ 35
　　　　4.4.2　超新星背景ニュートリノ 38
　4.5　宇宙高エネルギーニュートリノ 38
　4.6　宇宙背景ニュートリノ 40

第5章　人工ニュートリノ実験　42

　5.1　加速器ニュートリノビーム 42
　　　　5.1.1　K2K 実験 –日本を縦断するニュートリノビーム– 43
　　　　5.1.2　T2K 実験 43
　　　　5.1.3　世界の加速器ニュートリノ実験 46
　5.2　原子炉反ニュートリノ 46
　　　　5.2.1　カムランド実験 47
　　　　5.2.2　原子炉 θ_{13} 実験 49
　5.3　放射性元素のベータ崩壊からのニュートリノ 50
　　　　5.3.1　ベータ崩壊によるニュートリノ質量の直接測定 50
　　　　5.3.2　2重ベータ崩壊探索とマヨラナニュートリノの検証 . . 51
　5.4　その他の人工ニュートリノ生成方法 54

第6章　ニュートリノと素粒子物理学の将来　　55

6.1　ステライルニュートリノ . . . .　55
6.2　ニュートリノにおける粒子と反粒子対称性の破れ . . . . .　56
6.3　陽子崩壊と大統一理論 . . . .　58

第7章　ニュートリノ測定器　　60

7.1　カミオカンデ測定器 . . . .　60
7.2　スーパーカミオカンデ測定器 . . . .　62
7.3　カムランド（禅）測定器 . . . .　64
7.4　K2K 実験装置 . . . .　66
7.5　T2K 実験装置 . . . .　68
7.6　IceCube 測定器 . . . .　71
7.7　ハイパーカミオカンデ測定器（計画） . . . .　72

第8章　付録　　74

8.1　用語集 . . . .　74
8.2　米国元大統領 Bill Crinton の MIT でのスピーチ . . . . . .　75

参考文献　　77

第1章 はじめに

　自然界には，見えないもの，我々が十分に理解していないことがたくさんある．自然科学の動機は単純で，身の回りにある見えない物を見て，知らない現象を理解したい，という好奇心に尽きる．子供の頃，池，川，山，海で遊び，虫，植物，動物，魚にふれあうことが自然科学の始まりかもしれない．そして，小学生高学年や中学生のころ，ラジオやTVの原理がどうなっているのか，TVを解体しても中に人はいないし，どうやって情報が伝わってくるのかと，不思議に思う．目には見えなくても，ラジオやTVが動き，携帯電話で話ができることから，我々の周りには電磁波が行き交っていると想像する．高校生になると，物理を理解できれば，身の回りの様々な電子機器の仕組みと動作原理がわかるらしいということを教えられる．物理学は，運動方程式と保存則，そして少しの微分と積分の知識があれば，様々な問題が解ける明確な学問であることを知る．さらに物理学を理解できれば，相対性理論の不思議な世界（速く動く物体の時間はゆっくり流れるとか）を理解できると知り，ぜひ大学で物理学を学ぼうと考え，私は理学部物理学科に進学した．

1.1　なぜ，素粒子を研究するのか？

　大学では，相対性理論の理解を目指す傍ら，「光」について疑問をもった．さらに，量子力学を学び，「量子の世界」がわからなくなった．我々の世界を彩る色彩，「光」の正体は何なのか，よくわからなくなった．そして，次第に「量子の世界」へと惹かれていった．「光」は素粒子であり，「素粒子の世界」は相対論的な現象が当たり前の世界である．これは面白い．そう思って，興味は素粒子物理学へと向かう．

素粒子物理学というと，読者は物理学の中でも特に難解なテーマと考え，しかしその探求にロマンを感じるかと思う．素粒子物理学に登場する素粒子の数は限られており，そこに登場する相互作用も限られていて，非常に単純な系で物事を考えることができる．複雑な構造体や組成，様々な難解な性質を覚える必要がない，理解しやすい学問である．しかも，その少数の素粒子から，我々の身の回りすべての物質ができているというのが驚きである．身の回りだけでなく，宇宙全体の構成要素が，素粒子を研究すればわかるのである[1]．つまり，素粒子を理解すれば，宇宙を理解できる．また，宇宙の始まり，その発展，未来も，素粒子からわかるのである．

1.2 なぜ，ニュートリノなのか？

本書の執筆中，2015年10月6日火曜日に大変嬉しいニュースが飛び込んできた．2015年のノーベル物理学賞が，「ニュートリノ振動の発見」に対して，梶田隆章氏（東京大学宇宙線研究所・教授）とArt B. McDonald氏（Queen's大学・教授）に授与された．本当にホットなニュースであり，「ニュートリノ」を研究している科学者の一人として，より多くの読者に「ニュートリノ」について語りたくなった．「ニュートリノ」は素粒子の一種で，その観測の難しさから長い間，謎の多い粒子と考えられてきた．歴史的には，1930年パウリ（W. Pauli）によるニュートリノ仮説から，1960年のライネス（F. Reines）による初観測まで，存在を確認するのにさえ30年近い歳月がかかっている．この歳月の長さが，ニュートリノがいかに観測することが難しい粒子かを物語っている．ニュートリノは「幽霊粒子」というニックネームをもち，捕らえどころのない幻の素粒子のように思うかもしれないが，実際は，身近に数多く存在するありふれた素粒子である．ニュートリノとは

- 電荷をもたない電子の仲間
- あまり反応しないので，ほとんどどんな物質でも通り抜けることができる

---

[1] 21世紀になり，宇宙にはまだ発見されていない素粒子からなる暗黒物質が大量に存在していることがわかっている．また，宇宙の加速膨張から，宇宙は正体不明の暗黒エネルギーで満ちていることもわかってきた．暗黒物質・暗黒エネルギーの解明は，現代科学の最重要課題である．

- ビッグバン宇宙論の予言では，宇宙において光子の次に多い素粒子
- 非常に軽い質量をもち，最低3種類存在する

である．

　日本におけるニュートリノ研究は，2002年にノーベル賞を受賞した小柴氏らカミオカンデ実験グループ[2])による超新星1987Aのニュートリノの初観測を契機に，2015年のノーベル賞を受賞した梶田氏らスーパーカミオカンデグループによるニュートリノ質量の発見[3])等，世界第1級の多数の成果を創出してきた[4])．本書では，第2章で素粒子物理学とニュートリノの説明を簡潔に行う．素粒子物理学の知識のない読者にも，後半の章を読み進むための基礎知識をここで紹介する．そして，第3章はニュートリノ質量について，第4章で自然ニュートリノの観測によるニュートリノの研究，第5章では人工ニュートリノを使った研究について紹介する．原子炉と加速器，そしてニュートリノを出す放射性元素が，人工的なニュートリノ発生源として利用できる．最後に，第6章では，素粒子物理学が今後ニュートリノの研究からどのように発展していくかについて考察し，まとめとする．また，第7章は参考となるように，ニュートリノ実験に使われている装置類（主に測定器）をまとめて紹介している．

　本書では，素粒子物理学でよく使われる自然単位系を採用する．自然単位系では，換算プランク定数（$\hbar$），光速度（c），万有引力定数（G），クーロン力定数，ボルツマン定数（k）を1と定義する．その結果，質量（m）とエネルギー（$E=mc^2$）や運動量（$p=mc$）が，同じエネルギーの単位 [eV] で表せる．

[2)] 前述の梶田氏もカミオカンデ実験グループの一員で，カミオカンデ実験のときからニュートリノ振動の兆候を見つけていた．
[3)] クリントン米大統領は，この発見をいち早く1998年の発表同日に，MITでの講演に引用した．8.2節に抜粋を提示．
[4)] 「ニュートリノ物理学は日本のお家芸」と言われるほど，日本のニュートリノ物理の研究成果は国際的に認識されている．

第 2 章 素粒子物理とニュートリノ

素粒子物理学は，現在「標準模型」と呼ばれる理論を基に成り立っている．標準模型には，図 2.1 に示す 12 個の物質を構成する素粒子（u, d, c, s, t, b クォークと e[電子]，ν_e, ν_μ, ν_τ のレプトン類）と 4 個の力を伝える粒子（g, γ[光子]，$W^\pm, Z^0$），そして近年（2012 年）発見されたヒッグス粒子（H）の合計 17 種類の素粒子が存在する．この章は，全体を読み通すための基礎知識を与え，最初に素粒子の標準模型の概要について紹介する．そして，後半では「ニュートリノ」に的を絞り，より詳細に説明する．

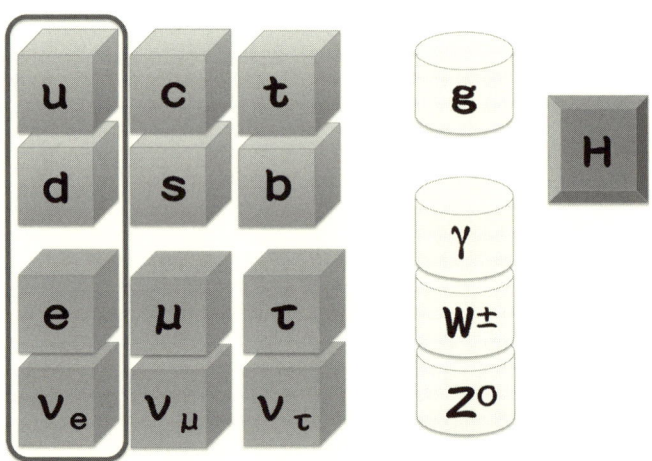

図 2.1 素粒子標準模型に登場する素粒子．クォーク（u, d, c, s, t, b），レプトン（$e, \nu_e, \mu, \nu_\mu, \tau, \nu_\tau$），ゲージ粒子（$g, \gamma, W^\pm, Z^0$），ヒッグス粒子（$H$）からなる．四角で囲んだ（$u, d, e, \nu_e$）を第 1 世代の素粒子と分類する．

2.1　素粒子の標準模型

　素粒子物理学は，自然界の基本構成要素が何からできているかを調べ，その構成要素の性質や，それがどのように相互作用するかを研究する．我々の身の回りの物体は，原子からできていることは周知の事実である．原子は原子核と電子からできており，電子は素粒子の 1 つである．原子核は，さらに陽子と中性子からできており，陽子と中性子はクォークからできている．クォークは素粒子である．陽子と中性子の主成分は u クォークと d クォークであり[1]，陽子は uud，中性子は udd とクォークモデルでは記述される．

2.1.1　クォークとレプトン

　陽子と中性子の主成分は u クォークと d クォークである．クォークは全部で 6 種類あることがわかっている．2008 年ノーベル物理学賞を授賞した小林，益川がクォークの種類が 6 種類以上あると予言し，粒子・反粒子対称性の破れの理論を提案した [1]．素粒子にはスピンという特性がある．古典論では，スピンは自転の角運動量と解釈される．例えば，地球が自転しているときに，地球はスピンをもっており，その向きは自転軸の方向にあり，その大きさは回転速度による．素粒子がもつスピンは自転ではないが，イメージ的には同様のものと考えてよい．素粒子には，半整数（例：$1/2$）のスピンをもつフェルミ粒子と整数（例：$0, 1$）のスピンをもつボーズ粒子とに分類される．クォークは大きさ $1/2$ のスピンをもつフェルミ粒子である．クォークの電荷は u, c, t クォークが $\frac{2}{3}e$ であり，d, s, b クォークが $-\frac{1}{3}e$ である．陽子は uud クォークで主に構成されているため，電荷は $\frac{2}{3}e + \frac{2}{3}e - \frac{1}{3}e = +1e$ となる．中性子は電荷 0 となる．クォークはカラー電荷（3 原色に対応して，赤，青，緑と定義される）をもち，強い相互作用で結びつき，陽子や中性子を構成する[2]．

　電子の仲間をレプトンと言い，やはりスピン $1/2$ をもつフェルミ粒子である．レプトンには電子と同様に電荷 $-e$ をもつ荷電レプトンと，電荷 0 の中性レプ

---

[1] u クォークの u は Up（上），d クォークの d は Down（下）に由来する．図 2.1 で u クォークは上に，d クォークは下に書かれている．正確に言うと，弱い相互作用の $SU(2)_L 2$ 重項の上下であるが説明は割愛する．
[2] カラー電荷の概念もこの本の範囲を超えるので，説明は割愛する．読者は，違った種類の電荷がクォーク間に働いているんだなと想像してもらえるとよい．

トンであるニュートリノがある．ニュートリノの名前の由来は，「中性＝ニュートラル」と「（イタリア語で）小さい＝イノ」を足し合わせてできている．中性の小さい粒子がニュートリノである．レプトンも全部で6種類あり，荷電レプトンである電子，ミュー粒子，タウ粒子，それと対応した中性レプトンである電子型ニュートリノ，ミュー型ニュートリノ，タウ型ニュートリノがある．レプトンはカラー電荷をもたず，強い相互作用をしない．

6種類ずつあるクォークとレプトンであるが，その第1の組み合わせ（uクォーク，dクォーク，電子，電子型ニュートリノ）を第1世代と分類する．身の回りの物質は，ほとんど第1世代のクォークとレプトン（電子）からできている．次に，第1世代の素粒子と同じ構造で質量がより重い第2世代（cクォーク，sクォーク，ミュー粒子，ミュー型ニュートリノ）が存在し，現在はより重たい第3世代（tクォーク，bクォーク，タウ粒子，タウ型ニュートリノ）まで見つかっている．ただし，ニュートリノの質量順序はまだ完全には決定されておらず，第1世代の電子型ニュートリノが一番軽いのかどうかは謎である．

図2.1のクォークとレプトンには，電荷が反対の反粒子が存在する．つまり，電荷がプラスの陽電子（e^+），電荷がマイナスの反uクォーク（$\bar{u}$）や電荷プラスの反dクォーク（$\bar{d}$）が存在する．粒子と反粒子は，その電荷や量子数は反対であるが，質量や寿命は同じである．反クォークからは，電荷がマイナスの反陽子（$\overline{uud}$）や，反中性子（$\overline{udd}$）ができるはずである．しかし，我々の宇宙には反粒子から構成される反物質が存在する証拠はなく，宇宙の初期において，粒子と反粒子間の対称性の破れにより反粒子は消えてしまったと考えられている．粒子と反粒子間の対称性の破れはクォークで見つかっており，小林・益川理論で説明されている．しかし，現在の宇宙を作った粒子と反粒子間の対称性の破れはまだ解明されておらず，ニュートリノがその鍵を握っているのではと考えられている．ニュートリノの属するレプトンにおける粒子と反粒子間の対称性の破れが，宇宙から消えた反物質の謎を解明する可能性の1つとして脚光を浴びており，ニュートリノで粒子と反粒子間の対称性を調べることが重要になってきている．

2.1.2 力を伝える粒子と 3 種類の相互作用

素粒子の間に働く力（相互作用）はゲージ理論で記述され[3]，その力を伝える粒子をゲージ粒子と呼ぶ．ゲージ粒子はスピン 1 をもつ，ボーズ粒子である．電磁力は光子（γ）により伝えられ，光子が電磁相互作用のゲージ粒子である．自然界には，「電磁力」に加えて，「重力」，「強い力」，「弱い力」の 4 種類の力が存在する．そのうち，「重力」は素粒子に働く力としては桁違いに小さく，かつ重力の量子論は完成していないので，素粒子の標準模型に重力は含めない．「強い力」と「弱い力」は「電磁力」より強い，弱いといった由来で名が付いており，「強い力」を伝える粒子がグルーオン（g），「弱い力」を伝える粒子がウィークボソンである．ウィークボソンには電荷をもった $W^{\pm}$ と中性の Z^0 がある．

「強い力」はクォーク間にのみ働き，「電磁力」はクォークと荷電レプトンの間に働き，「弱い力」はクォークとレプトンすべてに働く．ただし，弱い力は左巻きの状態（専門用語でカイラリティがマイナスの状態という）の素粒子にのみ働く．左巻きとは，素粒子の運動方向とそのスピンの向きが反対の状態を指している．ニュートリノには「弱い力」しか働かないため，ニュートリノは「弱い力」を調べるのに適した粒子と言える．

2.1.3 ヒッグス粒子

クォーク，レプトン，ゲージ粒子に加えて，標準模型の最後の素粒子として 17 番目に発見されたのがヒッグス粒子である．ゲージ理論では，ラグランジアンに素粒子の質量項である式 (3.2) が直接入ることが禁じられている．それゆえ，ヒッグスポテンシャルを導入し，対称性の自発的破れにより，素粒子に質量を与える式 (3.2) を導出する．このときに現れるのがヒッグス粒子であり，「質量を与える素粒子」と呼ばれたりする[4]．ヒッグス粒子は 2012 年にヨーロッパ素粒子原子核研究所（CERN）の LHC 実験で発見された [2,3]．本シリーズの中の 1 冊が，ヒッグス粒子を主題にしているので，詳細はそちらを参照されたし．ただし，ヒッグス粒子は発見され，ヒッグス機構は証明されたが，各素粒子がなぜ異なる質量をもち，その質量が軽いものから重いものまで 11 桁以上

---

[3] ゲージ理論の内容は，この本の範囲を超えるため割愛する．
[4] ヒッグス粒子は，すべての素粒子に質量を与えることから，神の素粒子と呼ぶ科学者もいる．ヒッグス機構の提案から発見まで 40 年以上最重要粒子として探し続けられていた熱望からも神の素粒子と呼ばれている．

の領域にわたっているのかは,謎である.特に,ニュートリノの質量が極端に軽く,ニュートリノの質量がヒッグス粒子からどのように生成されるのかはまだわかっていない(第3章参照).

2.2 ニュートリノ

2.1節の話をまとめると,ニュートリノに関してわかっていることは

- 電荷 0
- スピン 1/2
- 弱い相互作用のみをする
- レプトン(電子の仲間)
- 3種類存在する

である.しかし,ニュートリノは電荷をもたないため,粒子と反粒子が同じか違うのかといった基本的な性質がわかっていない.最近の「ニュートリノ振動」の研究からニュートリノが質量をもつことがわかったが,質量の値そのものはまだ決まっていない.この節では,素粒子物理学の発展の中で,ニュートリノがどのように提唱され,その正体が解明されてきたのか,その歴史的経緯を紹介する.

2.2.1 ニュートリノ仮説とベータ崩壊

100年以上前の放射線の発見時,放射線は α 線(ヘリウムの原子核),β 線(電子),γ 線(高いエネルギーの電磁波)の3種類あることがわかった.この中で β 線は,A と B を原子核として,次の崩壊で放出されると考えられた.

$$A \to B + \beta^- \tag{2.1}$$

ここで,β^- は電子 ($\equiv e^-$) である.A と B のエネルギーを E_A, E_B とすると,β 線のエネルギー E_β は一定 ($E_A - E_B$) となることが単純に予想できる.ところが,β 線のエネルギーを測定すると,なんとエネルギーは一定値ではなく $E_\beta < (E_A - E_B)$ で連続値をとることがわかった[5].この奇妙な現象を理解す

---

[5] β 線のエネルギーが一定値を取らずに連続値を取ることが確定するのは1927年になってからであり,実験事実を納得するのに20年以上の月日がかかっている.

るためには，物理学に大きな変更を施す必要があった．その選択肢は (i) エネルギー保存則を放棄する，もしくは (ii) 実験で観測できない未知粒子を導入する，であった．歴史的に，物理学者は (ii) を選び，1930 年にパウリ（W. Pauli）がニュートリノ仮説を提案し，式 (2.1) は次のように置き換えられた．

$$A \to B + \beta^- + \bar{\nu} \tag{2.2}$$

ここで，$\bar{\nu}$ はニュートリノの反粒子である反ニュートリノを示している．

当時は，このニュートリノ仮説にも $\bar{\nu}$ の正体について大きな問題があった．パウリは，原子核中に電子と反ニュートリノが強く結合されていて，式 (2.2) の反応で電子と反ニュートリノが原子核から飛び出してくると考えた．それならば，原子核と強く結合できる $\bar{\nu}$ が，放出後に観測が不可能になることが説明できない．しかし，エネルギー保存則を放棄するよりは，正体不明の粒子ニュートリノを導入した方がまだましという理由で，ニュートリノ仮説が支持された．この後，1932 年にチャドウィック（J. Chadwick）によって中性子が発見され，中性子を n，陽子を p として，ベータ崩壊でもっとも基本となる反応は，

$$n \to p + e^- + \bar{\nu} \tag{2.3}$$

であることがわかった．また，前節 2.1 で登場した力を伝える素粒子を加えると，ベータ崩壊は弱い相互作用で起こっており，弱い相互作用を伝える W 粒子を使って，

$$n \to p + W^{-*}, W^{-*} \to e^- + \bar{\nu} \tag{2.4}$$

と記述できる．ここで，W^{-*} の $*$ の記号は中間状態に現れる仮想的な粒子を示している．

2.2.2 ニュートリノの発見

ニュートリノを発見するためには，式 (2.3) の逆反応

$$p + e^- + \bar{\nu} \to n \tag{2.5}$$

を使えばよい．陽子 p は物質中に多数存在するので，その陽子に反ニュートリノ $\bar{\nu}$ を照射すれば，式 (2.5) の類似反応

$$p + \bar{\nu} \rightarrow n + e^+ \qquad (2.6)$$

が観測できる．ライネス（F. Reines）は，反ニュートリノ $\bar{\nu}$ を大量に生成する原子炉（5.2 節参照）の傍に測定器を設置し，反ニュートリノ起源の中性子 n と陽電子 e^+ の同時発生事象を観測することに成功し，反ニュートリノを発見した[6] [4]．

2.2.3 左巻きニュートリノとパリティの破れ

クォークとレプトンはスピン 1/2 をもち，スピンの方向は 2 方向ある．ニュートリノのスピンの向きは，その進行方向に対して決定できる．進行方向の向きを「右巻き」，その反対向きを「左巻き」と呼ぶ．この「右巻き」，「左巻き」という特性をヘリシティと呼ぶ．

弱い相互作用は，「左巻き」の粒子か，「右巻き」の反粒子にしか作用しないことがわかっている．この重要な帰結として，弱い相互作用はパリティを破る（正確にはパリティ対称性を破る）ことがわかっている．パリティ対称性とは，鏡映対称性とも呼ばれ，座標 $P(x, y, z)$ を座標 $P'(-x, -y, -z)$ に変換した場合に，物理法則が変わらないことである．つまり，現実世界と鏡に映した世界との間の対称性を示している．弱い相互作用するニュートリノは左巻きであり，鏡の世界（パリティ変換した世界）では弱い相互作用する右巻きニュートリノが現れる．しかし，右巻きニュートリノは弱い相互作用をしないので，鏡の世界と現実世界では現象が一致しておらず，パリティ対称性が破れている．パリティ対称性の破れを簡単に「パリティの破れ」と呼び，弱い相互作用では，パリティの破れは様々な反応で観測されている．ニュートリノが左巻きであることは，1957 年にゴールドハーバー（M. Goldhaber）らによって実験で確かめられた [5]．

2.2.4 ニュートリノの種類数

ニュートリノはベータ崩壊に代表される弱い相互作用（式 (2.3)）をすることがわかった．次の単純な問は，ニュートリノは何種類あるかということである．式 (2.4) の反ニュートリノは電子とともに生成されている．それでは，2.1 節で

---

[6] ライネスは最初，原子炉でなく，原子爆弾が爆発したときに出るニュートリノを観測しようと考えていた．

あげた他のニュートリノ（ミュー型ニュートリノとタウ型ニュートリノ）は式 (2.3) のようなベータ崩壊に関係するのであろうか．答えは否である．1962 年にレダーマン（L.M.Lederman）らによって，加速器で生成したミュー粒子とともに生成されるニュートリノ（$\pi^+ \to \mu^+ + \nu_\mu$）の反応を調べたところ，その反応では電子ではなくミュー粒子が生成されることがわかった [6]．この実験から，ニュートリノは少なくとも 2 種類，電子に付随する電子型とミュー粒子に付随するミュー型が存在することがわかった．さらに，1989 年に CERN の電子陽電子衝突型加速器 LEP（Large Electron Positron Collider）で，中性ベクトルボソン Z^0 の崩壊を調べることで，弱い相互作用に関係する通常のニュートリノが 3 種類あることが決定した [7]．実験は，$Z^0 \to n(\nu + \overline{\nu})$ [n：ニュートリノの種類数] が起こる確率を間接的に測定した．ニュートリノが 3 種類ある場合は $n = 3$ となるので，確率が大きくなる．この確率を測定することで[7]，$n = 2.92 \pm 0.05$ で 3 種類と決定した [8,9]．3 番目のニュートリノであるタウ型ニュートリノは，名古屋大学が開発してきた原子核乾板技術を使った米国フェルミ国立加速器研究所の DONUT 実験で 2000 年に発見された [10]．

ここで説明したニュートリノは弱い相互作用をするニュートリノで，一部の素粒子の理論では弱い相互作用をしないニュートリノを予言する．この弱い相互作用をしないニュートリノはステライルニュートリノ（不感ニュートリノ）と名付けられ，もし存在すれば 4 番目のニュートリノとなる．現在，その存在の有無が研究中である（第 6 章で簡単に紹介する）．

---

[7] 実際には，Z^0 粒子の質量分布での巾がこの確率に対応していることを使って，巾を測定している．

第3章 ニュートリノ質量

　第1章で紹介したように,「ニュートリノ質量の存在」はニュートリノ振動の発見によって確認された.ここでは,簡単な量子力学の知識を基に,「ニュートリノ質量」と「ニュートリノ振動」について見ていく.「ニュートリノ振動」は量子力学的な現象であり,その知識無しに説明することは難しい.量子力学を知らない多くの読者は,この章では話の雰囲気だけでも掴んでもらえたらいいかと思う.

　最近の研究から,電子型ニュートリノの量子力学的な固有状態と質量の固有状態が異なっていることがわかった.つまり,電子型ニュートリノという状態は,複数の質量固有状態の重ね合わせで記述される.数式を使うと,電子型ニュートリノ（$|\nu_e\rangle$）は

$$|\nu_e\rangle = U_{e1}|\nu_1\rangle + U_{e2}|\nu_2\rangle + U_{e3}|\nu_3\rangle = \sum_{i=1}^{3} U_{ei}|\nu_i\rangle \quad (3.1)$$

と表せる.$|\nu_i\rangle$ ($i=1,2,3$) は質量 m_i をもつニュートリノの固有状態で,U_{ei} ($i=1,2,3$) は電子型ニュートリノ中のニュートリノ $|\nu_i\rangle$ の成分の大きさを示す.つまり,電子のパートナーである電子型ニュートリノは異なった質量の固有状態の重ね合わせなのである.現在,このように各ニュートリノはどのように重なり合って,電子型,ミュー型,タウ型ニュートリノが作られているのか精力的に調べられている.

　ここでは,ニュートリノ研究の基礎となる「ニュートリノ質量」について,まず説明する.

3.1 ニュートリノ質量：ディラック質量とマヨラナ質量

素粒子の質量を図示すると，図 3.1 からわかるようにニュートリノの質量は他のクォークやレプトンと比較して桁違いに小さいことがわかる．また，第 4 章で紹介するが，ニュートリノの質量が存在することはわかったが，その値が決まっていない．

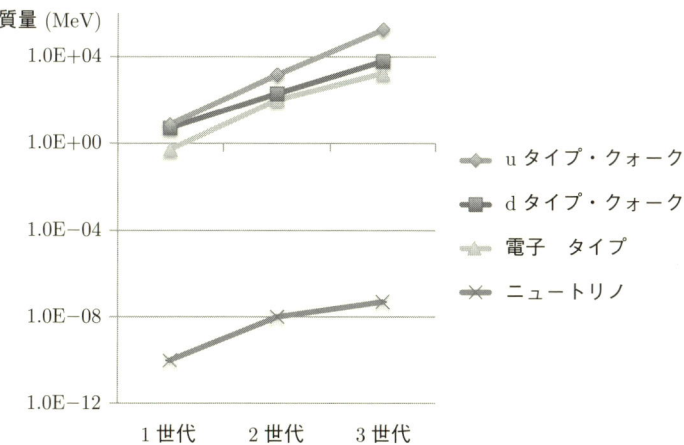

図 3.1 素粒子（クォークとレプトン）の質量．横軸が世代で縦軸が質量（MeV）．1 世代のニュートリノがもっとも軽く，$m_1 = 10^{-10}$ MeV と仮定．

素粒子の標準模型では，素粒子の質量はヒッグス機構によって生成される．ここで電子を例にとると，素粒子の質量はラグランジアンの中で

$$L_{mass} = m_e(\overline{e_R}e_L + \overline{e_L}e_R) \tag{3.2}$$

と与えられる．ここで，$e_{R(L)}$ は右巻き（左巻き）電子の場を表している．この型の質量をディラック質量と呼ぶ．ニュートリノの場合は

$$L_{mass} = m_\nu(\overline{\nu_R}\nu_L + \overline{\nu_L}\nu_R) \tag{3.3}$$

となる．現在の素粒子物理学では，上記のヒッグス機構で素粒子の質量が生成されると考えられているが，なぜ m_e と m_ν の値が非常に大きく異なっているのか

わからない．もっとも重たい素粒子であるトップクォーク [質量 173,000,000,000 eV] とニュートリノの質量の上限値（約 1 eV）の間には 11 桁もの開きがある（電子 [質量 511,000 eV] との間でも 5 桁の開きがある）．

なぜニュートリノの質量がこれほど軽いのか？ニュートリノ質量の生成機構はどうあるべきか精力的に研究が進められている．ここでその可能性の 1 つであるマヨラナ質量について紹介する．ニュートリノは中性なので，ニュートリノと反ニュートリノが同じ粒子である可能性がある．粒子の反粒子状態が，その粒子そのものである粒子をマヨラナ粒子と呼ぶ．ニュートリノを除くクォークとレプトンは，電荷をもつために反粒子の状態が粒子と同じになることはなく，ディラック粒子と呼ぶ（電荷は必ず逆になる）．マヨラナ粒子の場合は，反ニュートリノの場を ν^C と表すと，ν^C と ν でも次の質量項を作ることができる．

$$L_{mass} = m_L \overline{\nu_L^C} \nu_L + m_R \overline{\nu_R^C} \nu_R \tag{3.4}$$

この型の質量をマヨラナ質量と呼ぶ．

ここで，ν_L, ν_R で構成される質量行列は

$$\begin{pmatrix} \nu_L & \nu_R \\ m_L & m_\nu \\ m_\nu & m_R \end{pmatrix} \begin{array}{c} \nu_L \\ \nu_R \end{array} \tag{3.5}$$

と書ける．右巻きニュートリノが観測されないことより，右巻きニュートリノのマヨラナ質量は非常に重く $m_\nu \ll m_R \equiv M$，また左巻きニュートリノのマヨラナ質量は非常に軽い $m_\nu \gg m_L \simeq 0$ と仮定すると，ニュートリノの質量行列は

$$\begin{pmatrix} 0 & m_\nu \\ m_\nu & M \end{pmatrix} \tag{3.6}$$

と書き直せる．この質量行列を対角化して，左巻きニュートリノ（つまり弱い相互作用をする通常のニュートリノ）の質量 $m_{\nu L}$ は

$$m_{\nu L} \simeq \frac{m_\nu^2}{M} \tag{3.7}$$

となる．ここで，m_ν はディラック質量で，その値が他のレプトンやクォークと

同じ程度の値であっても，右巻きマヨラナニュートリノの質量 M が非常に重ければ（例えば大統一理論のエネルギースケールである 10^{15} GeV 程度[1]），観測される左巻きニュートリノの質量は軽くなる．例えば，第 3 世代のレプトンの質量が 1 GeV で，$M = 10^{15}$ GeV を代入すると，1 GeV$= 10^9$ eV より

$$m_{\nu L} \simeq \frac{10^{9 \times 2}[\text{eV}^2]}{10^{15+9}[\text{eV}]} = 10^{-6}[\text{eV}] \tag{3.8}$$

となり，自然と軽いニュートリノ質量が説明できる．ただし，重たい右巻きニュートリノの質量 M は未定であり，宇宙論から相当に重い（$> 10^8$ GeV）と考えられている．このモデルをシーソー模型（seesaw model）と呼び，柳田（T. Yanagida）らにより提案された [11]．

ニュートリノがマヨラナ粒子であれば，ニュートリノの質量を小さくするメカニズムがいくつか考えられる．ディラック粒子の場合は，小さい質量を自然に導入することは難しく，恣意的に小さな値を設定するしかない．この理由で，ニュートリノはマヨラナ粒子ではないかとする考え方が有力であり，ニュートリノがマヨラナ粒子であることを発見しようとする研究が進んでいる（5.3.2 節参照）．

3.2 ニュートリノ振動

ニュートリノの質量が非常に小さい (eV 以下の) 場合，ニュートリノ振動がニュートリノ質量を測定する有効な手段となる．量子力学的に，ニュートリノの弱い相互作用の固有状態を $(\nu_e, \nu_\mu, \nu_\tau)$，質量の固有状態を (ν_1, ν_2, ν_3) とする．ニュートリノの弱い相互作用の固有状態は質量の固有状態の線形結合として，次のように表せる．

$$\begin{pmatrix} \nu_e \\ \nu_\mu \\ \nu_\tau \end{pmatrix} = (U_{li}) \begin{pmatrix} \nu_1 \\ \nu_2 \\ \nu_3 \end{pmatrix} = \begin{pmatrix} U_{e1} & U_{e2} & U_{e3} \\ U_{\mu 1} & U_{\mu 2} & U_{\mu 3} \\ U_{\tau 1} & U_{\tau 2} & U_{\tau 3} \end{pmatrix} \begin{pmatrix} \nu_1 \\ \nu_2 \\ \nu_3 \end{pmatrix} \tag{3.9}$$

(U_{li}) は 3×3 のユニタリー行列[2]，U_{li} はその要素である．このニュートリノの

---
[1] 1 GeV は 1,000,000,000 eV を意味する．
[2] ユニタリー行列とは大きさが 1（正確には $A^\dagger A = AA^\dagger = 1$）となる複素正方行列

混合を表す行列をポンテコルボ・牧・中川・坂田（Pontecorvo-Maki-Nakagawa-Sakata）行列（U_{PMNS}）と呼ぶ [12, 13]．

計算を簡略化するために，ニュートリノが2世代の場合，つまり（ν_e, ν_μ）と（ν_1, ν_2）の場合を最初に考えよう．この場合に（U_{li}）は 2×2 の実行列となり，

$$\begin{pmatrix} \nu_e \\ \nu_\mu \end{pmatrix} = \begin{pmatrix} \cos\theta & \sin\theta \\ -\sin\theta & \cos\theta \end{pmatrix} \begin{pmatrix} \nu_1 \\ \nu_2 \end{pmatrix} = (U_{li}) \begin{pmatrix} \nu_1 \\ \nu_2 \end{pmatrix} \quad (3.10)$$

と表せ，θ を混合角（mixing angle）と呼ぶ．時間 t 後のニュートリノの状態（電子型かミュー型か）を $|\nu_l(t)\rangle$ とすると，

$$|\nu_l(t)\rangle = \sum_{i=1}^{2} U_{li} e^{-iE_i t} |\nu_i\rangle \quad (3.11)$$

となる．ν_i のもつエネルギーを E_i とすると，$|\nu_i\rangle$ 状態の時間発展は $e^{-iE_i t}$ により表せ，自由空間を伝わるニュートリノはエネルギー（質量）の固有状態（つまり $|\nu_1\rangle, |\nu_2\rangle$ の状態）で伝搬する．

時刻 $t=0$ で状態が l で，t 秒後に状態 l' となる確率 $P(\nu_l \to \nu_{l'}'; t)$ を考えよう．式 (3.11) を状態 l の固有状態に置き換えると，

$$|\nu_l(t)\rangle = \sum_{i=1}^{2} \sum_{l'=e}^{\mu} U_{li} U_{l'i} e^{-iE_i t} |\nu_{l'}\rangle \quad (3.12)$$

となる．また，ニュートリノは相対論的に運動していると考え $E_i = p + \frac{m_i^2}{2p}$ と書けるので，確率 $P(\nu_l \to \nu_{l'}'; t)$ は

$$P(\nu_l \to \nu_{l'}'; t) = |\langle \nu_{l'}'(t) | \nu_l(0) \rangle|^2 \quad (3.13)$$

$$= \sum_i \sum_j U_{li} U_{l'i} U_{lj} U_{l'j} \cos(E_i - E_j) t \quad (3.14)$$

となる．時間 t の間のニュートリノの飛行距離を $L(=t)$ とすると，上式は

$$P(\nu_e \to \nu_\mu; t) = P(\nu_\mu \to \nu_e; t) = \sin^2 2\theta \sin^2\left(\frac{\Delta m^2 L}{4E}\right) \quad (3.15)$$

$$P(\nu_e \to \nu_e; t) = P(\nu_\mu \to \nu_\mu; t) = 1 - \sin^2 2\theta \sin^2\left(\frac{\Delta m^2 L}{4E}\right) \quad (3.16)$$

となる．ただし，$\Delta m^2 \equiv m_2^2 - m_1^2$ で，2つのニュートリノの質量の2乗の差である．

ここでニュートリノ振動が観測されるためには，

1. $(\theta \neq 0, -\pi/2)$：ニュートリノにおいて弱い相互作用の固有状態と質量の固有状態は同一ではない
2. $(\Delta m^2 \neq 0)$：ニュートリノの質量固有状態は異なる質量をもつ

ことが必要となる．以下の章で説明する通り，ニュートリノ振動は1998年に発見され (4.2.2項)，ニュートリノの質量が存在し，弱い相互作用の固有状態と質量の固有状態が異なっていることが判明した．今，Δm^2 を $[\text{eV}^2]$，E を $[\text{GeV}]$，L を $[\text{km}]$ で表すと，上式の $\sin^2$ の中身は

$$\frac{\Delta m^2 L}{4E} = 1.27 \frac{\Delta m^2 [\text{eV}^2] L[\text{km}]}{E[\text{GeV}]} \tag{3.17}$$

となる．5.1.2項で紹介するT2K実験では，$L = 295$ km と $E = 0.6$ GeV と設定し，$\Delta m^2 = 2.5 \times 10^{-3}$ eV^2 であるニュートリノ振動の測定に最適化している．

ニュートリノが2種類の場合は (U_{li}) は 2×2 の実行列（回転行列）で単純であったが，ニュートリノは3種類存在しているのでポンテコルボ・牧・中川・坂田 (Pontecorvo-Maki-Nakagawa-Sakata) 行列 (U_{PMNS}) は一般に複素行列で，3つの混合角 $\theta_{12}, \theta_{23}, \theta_{13}$ と1つの複素位相 δ で次のように記述できる．

$$U_{PMNS} = \begin{pmatrix} 1 & 0 & 0 \\ 0 & C_{23} & S_{23} \\ 0 & -S_{23} & C_{23} \end{pmatrix} \begin{pmatrix} C_{13} & 0 & S_{13}e^{-i\delta} \\ 0 & 1 & 0 \\ -S_{13}e^{i\delta} & 0 & C_{13} \end{pmatrix} \begin{pmatrix} C_{12} & S_{12} & 0 \\ -S_{12} & C_{12} & 0 \\ 0 & 0 & 1 \end{pmatrix} \tag{3.18}$$

ここで，$C_{ij} = \cos\theta_{ij}$, $S_{ij} = \sin\theta_{ij}$ と定義してある．質量2乗差も $\Delta m_{21}^2, \Delta m_{32}^2, \Delta m_{31}^2$ と3つあり，どちらの質量が重いのか（例えば $m_1 < m_3$ か $m_1 > m_3$ なのか）わからないので，正負の値がとれる．

ニュートリノ研究の重要テーマである「ニュートリノ振動」発見の歴史について紹介する．ポンテコルボ・牧・中川・坂田行列からわかるように，混合角パラメータ $\theta_{12}, \theta_{23}, \theta_{13}$ に対応する3つのニュートリノ振動がある．この混合角パラメータが，どの実験もしくは観測で決まったかを表3.1にまとめた．最初に発見された「ニュートリノ振動」は θ_{23} に対応する振動で，1998年にスーパーカ

表 3.1 ニュートリノ振動の混合角パラメータとそれを見つけたニュートリノ実験と観測.

パラメータ	値	発見年	実験・観測	エネルギー	振動距離
θ_{12}	$\sim 34°$	2002.4	太陽（4.1 節）	$\sim 10^6$ eV	1.5×10^8 km
		2002.12	原子炉（5.2.1 節）	$\sim 10^6$ eV	~ 100 km
θ_{23}	$\sim 45°$	1998	大気（4.2 節）	$10^8 \sim 10^{10}$ eV	$10 \sim 10^4$ km
		2004	加速器（5.1 節）	$\sim 10^9$ eV	~ 100 km
θ_{13}	$\sim 9°$	2011	加速器（5.1.2 節）	$\sim 10^9$ eV	~ 100 km
		2012	原子炉（5.2.2 節）	$\sim 10^6$ eV	~ 1 km

表 3.2 ニュートリノ振動のパラメータ（注：$\Delta m^2_{32} > 0$ の場合）[8].

$\sin^2 2\theta_{12}$	0.846 ± 0.021
$\sin^2 2\theta_{23}$	$1.000^{+0.000}_{-0.017}$
$\sin^2 2\theta_{13}$	0.093 ± 0.008
Δm^2_{21}	$(7.53 \pm 0.18) \times 10^{-5}$ eV^2
Δm^2_{32}	$(2.44 \pm 0.06) \times 10^{-3}$ eV^2 [負の可能性もあり]
δ	決まっていない（$\delta \sim -\pi/2$ か？）

ミオカンデの大気ニュートリノの観測（4.2 節）によって発見された [14]．この θ_{23} の測定とともに，質量 2 乗差 $\Delta m^2_{32}(\simeq \Delta m^2_{31})$ も決定した．θ_{23} の振動は，その後 2004 年に加速器ニュートリノ実験 K2K（5.1.1 項）で確認された [15]．次は θ_{12} で，2002 年 4 月に SNO 実験の太陽ニュートリノ観測で発見され，Δm^2_{21} も決定した[3]（4.1 節）[16, 17]．同年 12 月にカムランド実験が原子炉反ニュートリノ観測で θ_{12} と Δm^2_{21} を決定し，追試した [18]．最後の振動 θ_{13} は 2011 年に加速器ニュートリノ実験 T2K（5.1.2 項）がその証拠を捕らえ [19]，2012 年に原子炉実験 Daya Bay（5.2.2 項）が高精度で θ_{13} を測定した [20]．表 3.1 は本書の後半の専門的な部分（第 4 章と第 5 章）を読む際の参考となるので，折りにふれ見直してもらいたい．現在も，大気，太陽，加速器，原子炉からのニュートリノを使って世界各地で「ニュートリノ振動」の測定が進んでいる．現在わかっているニュートリノ振動のパラメータの値とその精度を表 3.2 にまとめた [8]．ニュートリノ振動を通して，ニュートリノの質量の差が測定されているが，その値そのものはまだ決まっていない．また，ニュートリノ混合行列に含まれる複素位相 δ の値により，ニュートリノ振動で粒子と反粒子の対称性が破れると考えられているが，測定は始まったばかり[4]で，今後の進展が期待されている [21]．

---

[3] この 1 年前の 2001 年に，SNO 実験とスーパーカミオカンデ実験の太陽ニュートリノ観測を合わせることで，すでに発見されていたとも考えられる．

物質中でのニュートリノ振動：MSW 効果

　ここまで説明してきたニュートリノ振動の理論は，ニュートリノが自由粒子として伝搬する真空中の理論である．ニュートリノが物質中，例えば太陽の内部や地球の内部を通過するときは，ニュートリノと物質との反応を考慮する必要がある．この物質効果を，太陽ニュートリノで計算したウォルフェンシュタイン（L. Wolfenstein），ミケエフ（S. Mikheyev）とスミルノフ（A. Smirnov）の頭文字をとって MSW 効果と呼ぶ [22,23]．物質中にはたくさんの電子が存在するため，電子型ニュートリノとミュー型（タウ型）ニュートリノでは，物質中を通過する際に受ける相互作用が異なってくる．これは，電子型ニュートリノが，他のニュートリノよりも余分なポテンシャルエネルギーを感じると解釈できる．エネルギー（E）と運動量（p），質量（m），ポテンシャル（V）の間には

$$E = \sqrt{p^2 + m^2} + V \sim p + \frac{1}{2p}(m^2 + 2pV) \tag{3.19}$$

の関係があり，真空中と比べてニュートリノの質量の 2 乗（m^2）が（$m^2 + 2pV$）と変わったことを意味する．この変化は，電子型ニュートリノにのみ作用する[5]．このため，ニュートリノ振動の質量行列の計算が変更される．計算は専門性が高いため割愛するが，4.1 節で説明する太陽ニュートリノは，この物質効果（MSW effect）が観測されている．また，4.2 節で説明する大気ニュートリノや 5.1 節で説明する加速器ニュートリノでも，電子型ニュートリノについては物質効果を考慮する必要があり，その物質効果の測定から将来は Δm^2_{32} の符号（m_3 が m_2 より大きいのかどうか）の決定が期待できる．

3.3　ニュートリノ質量の測定

　ニュートリノ質量はニュートリノ振動を通してその差が測定されたが，この方法ではニュートリノ質量の値そのものは確定しない．他の方法による，ニュートリノ質量の測定について簡単に紹介する．

---

[4] T2K 実験，原子炉 θ_{13} 実験，スーパーカミオカンデの大気ニュートリノ測定から $\delta \sim -\pi/2$ かもしれないという結果が出始めている．

[5] 弱中性カレントによる物質中の陽子や中性子との反応がすべての種類のニュートリノについて起こるが，効果がすべてのニュートリノに作用するので，ニュートリノ振動の質量 2 乗差のところでキャンセルするため，ここでは考えない．

3.3.1 ニュートリノ質量の直接測定

ニュートリノ質量を測定するもっとも簡単なアイデアは，ベータ崩壊の式 (2.3) で，電子の運動エネルギーを正確に測定することである．電子が取れる運動エネルギーの最大値はニュートリノ質量に依存する．ベータ崩壊の電子の運動エネルギー分布は

$$\frac{dN}{dE} = KF(E,Z)P_e E_e (E_0 - E_e)[(E_0 - E_e)^2 - m_\nu^2]^{1/2} \quad (3.20)$$

と表せ，ニュートリノの質量の情報をもつ．ここで，dN はエネルギー dE の範囲に出てくる電子の個数，E_e が電子の運動エネルギー，P_e は電子の運動量，E_0 は電子が取れる最大エネルギー，m_ν がニュートリノ質量，K は比例定数，$F(E,Z)$ はフェルミ関数と呼ばれ，電荷 Z の原子核から電子が放出されるときに受けるクーロン力の効果である．この測定で m_ν の精度を上げるには，E_0 ができるだけ小さいこと，$F(E,Z)$ が正確に計算できること，そして E_e の測定精度が良いことが必要条件である．実際の測定については，5.3 節で説明する．実験でニュートリノ質量は確定しておらず，$m_{\nu e} < 2.3$ eV（Mainz 実験の結果）という制限がつけられた [24]．

3.3.2 ニュートリノ質量と宇宙の進化の歴史

ニュートリノ質量の大きさを高感度で測定する新しい方法として注目されているのが，宇宙構造の解析を通してニュートリノ質量の和（$\Sigma_{i=1}^{3} m_i$）を決定する方法である．4.6 節で説明するように，宇宙の誕生直後には大量のニュートリノが生成された．この宇宙ニュートリノが質量をもてば重力相互作用により，現在の宇宙の構造に影響を与えることが予想できる．宇宙背景放射（CMB）測定，その偏極測定，弱重力レンズ効果の測定，バリオン音響振動（BAO）を通して，宇宙の構造を解析するとニュートリノ質量和（Σm_ν）はゼロでその種類数（N_{eff}）は 3 という結果が出ている．最新のプランク衛星の結果から導かれたニュートリノ質量和と種類数を図 3.2 に示す．この結果から，

$$\begin{aligned} \Sigma m_\nu &< 0.28 \text{ eV}（95\%信頼度）\\ N_{eff} &= 3.32 \pm 0.27 （68\%信頼度）\end{aligned} \quad (3.21)$$

と決定された [25]．

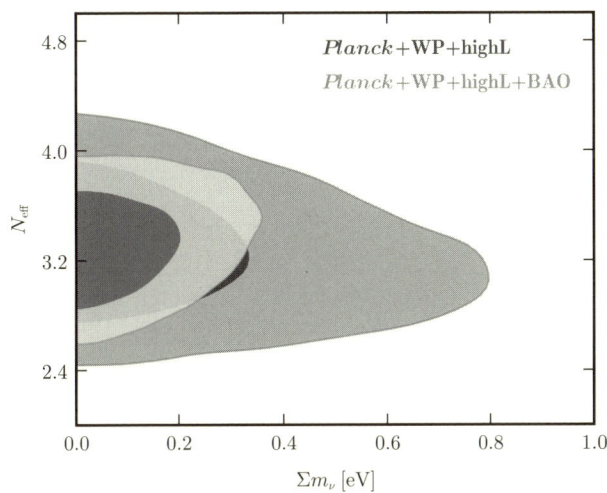

図 3.2 プランク衛星グループによる宇宙の構造形成の解析から予測されるニュートリノ質量和（Σm_ν）と種類数（N_{eff}）[25].

精度の良い測定であるが，まだ有限のニュートリノ質量を測る感度には達していない．ニュートリノ振動で測られた質量 2 乗差（表 3.2 参照）から，$\sqrt{\Delta m_{32}^2} \sim \sqrt{2.5 \times 10^{-3}} = 0.05$ eV まで感度が上がれば，有限値を測定できる可能性があり，今後の宇宙構造の測定と解析の進展が望まれる．

第4章 自然ニュートリノ観測

　幽霊粒子とニックネームをもつニュートリノであるが，実は大変身近な粒子で，我々の世界はニュートリノで満ちている．ビッグバン宇宙論によれば，宇宙全体は密度〜300個/cm^{3}のニュートリノで満たされており，光子の次に宇宙にたくさんある素粒子である．身近な天体，太陽を見ると，光で輝くと同時にニュートリノで輝いている．我々が住む地球の中からもニュートリノは放出されている．空からは，宇宙線と大気分子との反応で生成されたπ中間子が崩壊してできた，ニュートリノが雨のように降ってきている．

　この章は，自然界に存在するニュートリノの発生機構を説明し，そのニュートリノの観測からどのように素粒子物理学や自然科学の謎が解明されてきたかを紹介する．

4.1　太陽ニュートリノ

　太陽が核融合でそのエネルギーを生成していることは既知の事実であろう．太陽の内部で起こっている核融合反応は，4つの陽子からヘリウムができる次の反応：

$$2e^- + 4p \rightarrow {}^4\text{He} + 2\nu_e + \gamma\,(+26.73\text{ MeV}) \tag{4.1}$$

で，核融合の際に熱エネルギー（こちらが光の正体）とともに電子型ニュートリノが放出されている．地球に降り注ぐニュートリノのフラックスは6.6×10^{10}個/秒/cm^{2}である[26]．太陽の核融合反応の詳細なプロセスとその過程で放出されるニュートリノのエネルギー分布を図4.1と4.2に示す．

　太陽ニュートリノの観測は，当初この核融合の直接的証拠を捕らえるために，デイビス（R. Davis Jr.）らによって始められた．実験は米国のホームステイ

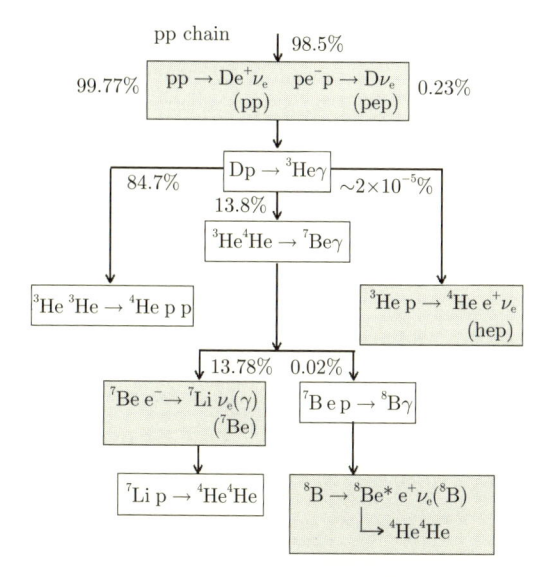

図 4.1　太陽中で起こっている核融合反応プロセス．

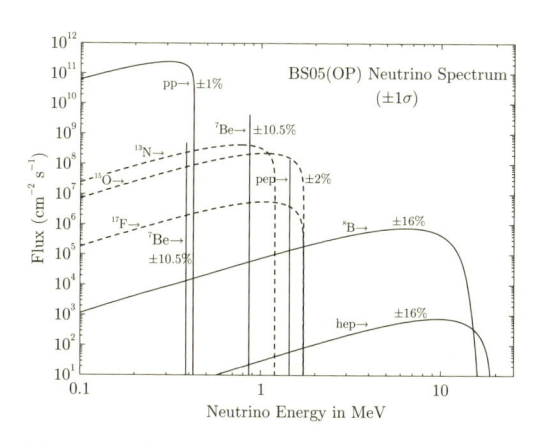

図 4.2　太陽中の核融合反応プロセスで放出されるニュートリノのエネルギー分布 [26].

クに設置した液体 2 塩化炭素（C_2Cl_4）を満たした測定器で，太陽からの電子型ニュートリノが入ることで起こる反応

$$\nu_e + {}^{37}Cl \to {}^{37}Al + e^- \tag{4.2}$$

により，^{37}Al の生成を測定する．実験は 1968 年に始まり，測定された ^{37}Al の

生成量から見積もった電子型ニュートリノの観測数は標準太陽模型の予想値の3分の1という結果になった [28]. この理論と実験の不一致は「太陽ニュートリノ問題」と呼ばれ，その解明には 30 年の歳月がかかった．当初は，太陽模型の不備，実験そのものの不備，ニュートリノに関する知識不足等，様々な可能性が示唆された．最終的には，ニュートリノ振動によって電子型ニュートリノが他の型（ミュー型とタウ型）のニュートリノに振動していたため，電子型ニュートリノの観測数が減少していたことが判明した.

4.1.1 カミオカンデ実験

小柴昌俊が提案したカミオカンデ実験では，3,000 トンの水タンクの周りを高感度な光センサーで覆った実験装置カミオカンデ（7.1 節参照）を使って，太陽ニュートリノの観測を 1986 年に開始した．カミオカンデでは水中の水分子中の電子とニュートリノの反応

$$\nu_e + e^- \to \nu_e + e^- \tag{4.3}$$

により，反跳された電子のエネルギーと方向を観測することで太陽ニュートリノを捕らえる．特に，電子が飛ぶ方向は太陽と正反対の方向であり，その方向を $\cos\theta_{sun}$ と定義すると図 4.3 の分布となった [29]．図 4.3 からわかったことは，カミオカンデは確かに太陽から飛来するニュートリノを捕らえたということである[1]．また，図 4.3 に標準太陽模型による予想値を示しており，カミオカンデ実験が観測した太陽からの電子型ニュートリノの数は，予想値の約半分（0.46 ± 0.13（統計誤差）± 0.08（系統誤差））であった．この結果も「太陽ニュートリノ問題」を支持し，その原因の解明には至らなかった．ただし，デイビスの実験の結果とカミオカンデの結果の違いが，観測する電子の最低エネルギーによっていると考え，ニュートリノ振動の可能性が活発に議論された.

4.1.2 スーパーカミオカンデ実験

カミオカンデの後継実験であるスーパーカミオカンデ（7.2 節参照）は，50,000トンという大量の水を使って 1996 年から太陽ニュートリノの高統計観測を開

---

[1] デイビスの実験では，ニュートリノが太陽から飛来したのか，他の過程からできたのか判別できない．ただし，カミオカンデ実験が捕らえることのできる電子の最低エネルギーは 6.5 MeV で，太陽ニュートリノの中では ^{8}B プロセスにのみ感度がある.

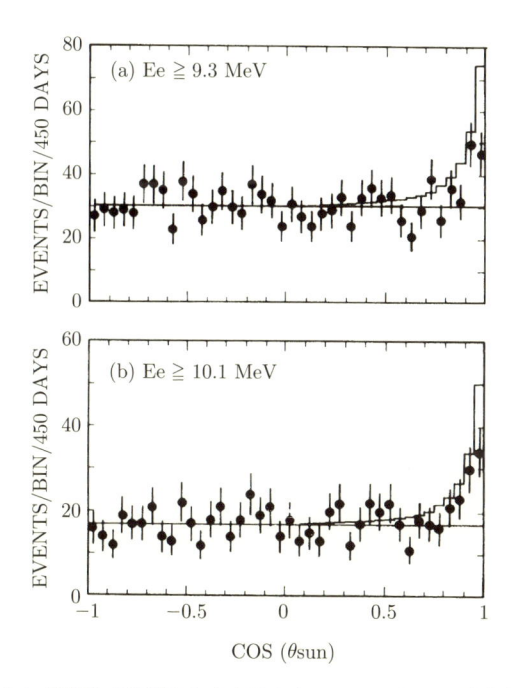

図 4.3 カミオカンデ実験で観測された太陽からのニュートリノ飛来方向と反跳した電子の方向の cos 分布 [29]. 点がデータで,ヒストグラムがシミュレーションによる予想値. 上下の図では電子の最低エネルギーが違っている. また,観測数は予想値よりも有意に少ないこともわかる.

始した. 太陽中での ^{8}B プロセス(図 4.1 参照)で出る電子型ニュートリノのフラックスとそのエネルギー分布を高精度で測定した. その結果を図 4.4 に示す [30]. 観測数は,やはり標準太陽模型の予言値の約半分,0.451 ± 0.005(統計誤差)$^{+0.016}_{-0.014}$(系統誤差)であった. スーパーカミオカンデの時代には,ホームステイクに加えて Ga(ガリウム)を使った太陽ニュートリノ観測が行われており,それぞれの実験がニュートリノに対して異なるエネルギー閾値をもつため,総合解析をするとニュートリノ振動特有のエネルギー依存性をテストできる. また,スーパーカミオカンデは,リアルタイムで太陽ニュートリノを観測しているため,ニュートリノが地中を通過してきたときに受ける物質効果にも感度がある. これらの情報を総合的に使って,スーパーカミオカンデは図 4.4 (右)のようにニュートリノ振動のパラメータに制限をつけた [31]. この結果から,太陽ニュートリノ問題を解決するニュートリノ振動パラメータの領域は

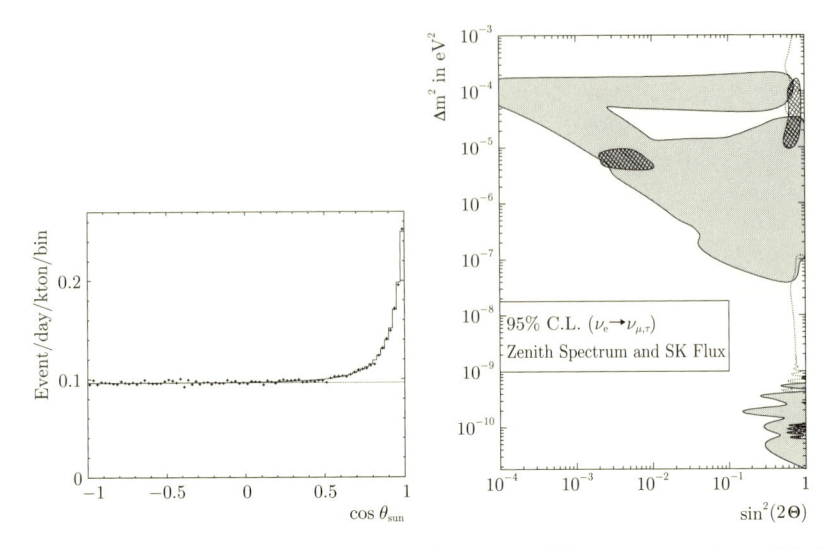

図 4.4 （左）スーパーカミオカンデ実験で観測された太陽からのニュートリノ飛来方向と反跳した電子の方向の cos 分布 [30]．点がデータで，ヒストグラムはシミュレーションによるニュートリノ振動を仮定した予想値．（右）スーパーカミオカンデ実験で制限されたニュートリノ振動パラメータの領域 [31]．図中の網かけの領域は他の太陽ニュートリノ実験（GALLEX，SAGE，Homestake）との総合解析で許されている領域である．

$\sin^2 2\theta \sim 0.9$, $\Delta m^2 \sim 7 \times 10^{-5}$ eV^2 であることがわかってきた．

4.1.3 SNO 実験

「太陽ニュートリノ問題」を決定的な解決に導いたのが，カナダのサドバリー鉱山で行われた SNO 実験である．SNO 測定器はスーパーカミオカンデと同様に水中で反応する電子のチェレンコフ光を観測するが，通常の水（H_2O）の代わりに重水（D_2O）を使用している．重水とは，水素（H）の代わりに重水素（D）が酸素原子（O）に結合した分子である．水素は陽子（p）の周りを電子（e^-）がまわっているが，陽子（p）と中性子（n）が結合した重陽子（$d \equiv p+n$）の周りを電子（e^-）がまわっているのが重水素である．重陽子の p と n の結合は弱く切れやすいため，ニュートリノ反応で簡単に分断される（$\nu + d \to \nu + p + n$）．重水を使用することで，太陽からのニュートリノに対して次の 3 つの反応過程が測定に使えるようになる．

4.1 太陽ニュートリノ

荷電カレント反応 　　$\nu_e + d \to p + p + e^-$
中性カレント反応 　　$\nu_{e(\mu,\tau)} + d \to p + n + \nu_{e(\mu,\tau)}$
弾性散乱 　　　　　　$\nu_{e(\mu,\tau)} + e^- \to \nu_{e(\mu,\tau)} + e^-$

ニュートリノ振動では，電子型ニュートリノが他の型のニュートリノに変換するために，荷電カレント反応のみの測定では総ニュートリノフラックスを測定することはできない（電子型ニュートリノのフラックスしか測定できない）．SNO実験では上に示した，荷電カレント反応，中性カレント反応，弾性散乱のすべての反応を同時に測定することで，太陽から放出されるニュートリノの総量と電子型ニュートリノの量を測定した．測定結果は，電子型ニュートリノの量が標準太陽模型の3分の1になっていたが，ミュー型，タウ型ニュートリノを加えた地上での総フラックスは

$$\phi_{solar\nu} = \{5.21 \pm 0.27 (統計誤差) \pm 0.38 (系統誤差)\} \times 10^6 [/\mathrm{cm}^2/\mathrm{s}] \quad (4.4)$$

で，標準太陽模型の予想と見事に一致した [32]．

SNO の結果が出てすぐに，5.2.1 項で紹介するカムランド実験の結果も出てきて，SNO，スーパーカミオカンデ，カムランド実験，他の太陽ニュートリノ実験の総合結果でニュートリノ振動パラメータは 2004 年の時点で，図 4.5 のように $\tan\theta = 0.41$，$\Delta m^2 = 7.1 \times 10^{-5}$ eV^2 と決定された．

以上より，30 年以上かかって「太陽ニュートリノ問題」は「ニュートリノ振

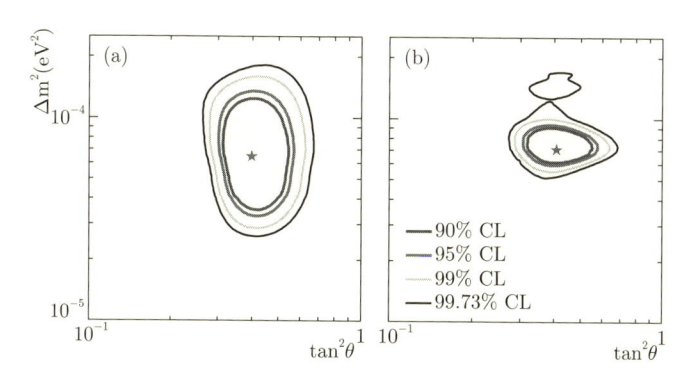

図 4.5 太陽ニュートリノ問題を説明するニュートリノ振動パラメータの領域 [32]．（左）SNO 実験，スーパーカミオカンデ実験を含む，すべての太陽ニュートリノ実験の総合解析の結果．（右）さらにカムランド実験の結果を加えた．

動」によって説明できることがわかった.

4.2 大気ニュートリノ

ニュートリノ振動の可能性は長く「太陽ニュートリノ問題」で議論されてきたが,最初に決定的な確証を得たのは大気ニュートリノの観測による[2].大気ニュートリノとは,地球外から降り注ぐ宇宙線(主成分 90 %は水素原子核である陽子,次に 9 %程度ヘリウム原子核である α 粒子からなる)が大気中の窒素,酸素の原子核と反応して上空で π 中間子を生成する[3].生成された π 中間子は,次の過程を経てニュートリノを生成する.

$$\begin{aligned} \pi^{+(-)} &\to \mu^{+(-)} + \nu_\mu(\overline{\nu}_\mu) \\ \mu^{+(-)} &\to e^{+(-)} + \nu_e(\overline{\nu}_e) + \overline{\nu}_\mu(\nu_\mu) \end{aligned} \quad (4.5)$$

π 中間子は寿命が 26 ナノ秒 (26×10^{-9} 秒),ミュー粒子は寿命が 2.2 マイクロ秒 (2.2×10^{-6} 秒)と短く,大部分が大気中で崩壊する.正負両方の π 中間子が同数できると仮定すると,式 (4.5) より大気ニュートリノの成分比はミュー型ニュートリノと電子型ニュートリノの比が $(\nu_\mu + \overline{\nu}_\mu) : (\nu_e + \overline{\nu}_e) = 2 : 1$ と予想できる.

4.2.1 カミオカンデ実験

カミオカンデ実験が最初に,ミュー型ニュートリノと電子型ニュートリノの比が 2 からずれている証拠をつかんだ.カミオカンデでは,大気ニュートリノは主に水分子中の核子(陽子と中性子)と以下の準弾性散乱をして、レプトン(電子もしくはミュー粒子)を生成する(より詳細な反応については 7.4 節参照).

ミュー型ニュートリノ反応: $\nu_\mu + n \to \mu^- + p$ と $\overline{\nu}_\mu + p \to \mu^+ + n$
電子型ニュートリノ反応: $\nu_e + n \to e^- + p$ と $\overline{\nu}_e + p \to e^+ + n$

カミオカンデ測定器は,上記の反応でできた電子とミュー粒子を識別すること

---

[2] 大気ニュートリノは 6.3 節で述べる陽子崩壊探索のバックグラウンドになるために,そのフラックスを測定しようとしたことが研究の動機である.
[3] π 中間子以外の粒子,例えば K 中間子等も生成されるが質量が重いため,生成量は π 中間子の 10 分の 1 程度であり,ここでは無視する.

ができる[4]. 観測では，宇宙線フラックスの不定性をキャンセルするために，ミュー型ニュートリノ事象数と電子型ニュートリノ事象数の比を，さらにデータとシミュレーションの予想値で比を取った量 R を測定した [33].

$$R \equiv \frac{(\nu_\mu + \overline{\nu}_\mu)/(\nu_e + \overline{\nu}_e)|_{Data}}{(\nu_\mu + \overline{\nu}_\mu)/(\nu_e + \overline{\nu}_e)|_{MC}} = 0.60^{+0.07}_{-0.06}(統計誤差)\pm 0.05(系統誤差) \quad (4.6)$$

ここで，先の議論から $(\nu_\mu + \overline{\nu}_\mu)/(\nu_e + \overline{\nu}_e) \sim 2$ である．理論予想が正しければ，$R = 1$ となるべきであるが，ミュー型ニュートリノ事象の減少か電子型ニュートリノ事象の増加により，R 値は有意に 1 からずれている．この現象は「大気ニュートリノ異常」と呼ばれた．先に結果を述べると，この「大気ニュートリノ異常」はニュートリノ振動の結果であり，スーパーカミオカンデで大気ニュートリノを精密に測定することでニュートリノ振動の発見へとつながる．

カミオカンデ実験では，さらにニュートリノの飛来方向分布を調べた．大気ニュートリノは地球上全体で生成され，ニュートリノは容易に地球を通り抜けることができるので，真下から来るニュートリノの数も，真上から来るニュートリノの数も同等であると考えられた．その飛行距離は真下からが 10,000 km 近く，真上からが 10 km 程度となる．ニュートリノ振動があると，式 (3.15) と式 (3.16) から，その振動確率は飛行距離によるので，真下からのニュートリノの数と，真上からの数に違いが出る．カミオカンデでは，ニュートリノ反応でできる電子やミューオンの進行方向逆向きをニュートリノの飛来方向と仮定し，図 4.6 のように測定した [34]．この結果では，下から来た電子型ニュートリノが増えていて，下から来たミュー型ニュートリノが減少しているように見える．ただし，統計誤差が大きく，この時点ではまだミュー型ニュートリノから電子型ニュートリノへの振動とは結論できない．それでニュートリノ振動の仮説として，$\nu_\mu \to \nu_e$ 振動の場合と $\nu_\mu \to \nu_\tau$ 振動[5]の場合を考えて，ニュートリノ振動パラメータを決定した結果が図 4.7 である．この結果が出た頃から，「大気ニュートリノ異常」はニュートリノ振動ではないかと考えられるようになった.

---
[4] 電子によるチェレンコフリングはぼやけた形になり，ミュー粒子によるチェレンコフリングはくっきりした形になる．μ^+ と μ^-（もしくは e^+ と e^-）の識別はできず，両方がミュー粒子（電子）として観測される．
[5] ν_τ はその質量の大きさのため反応が起こりにくく，$\nu_\mu \to \nu_\tau$ 振動は ν_μ の欠損として観測される．

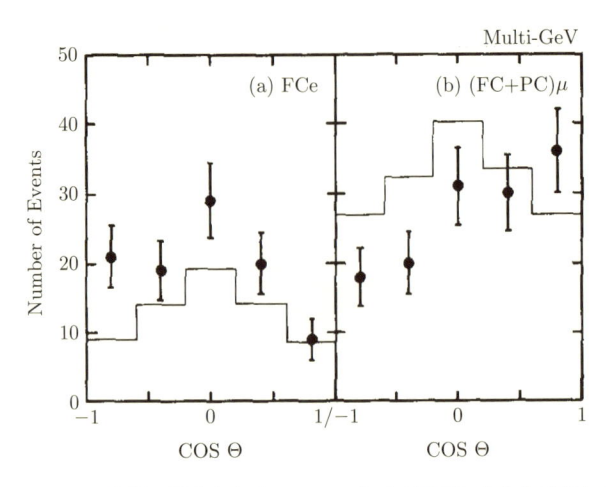

図 4.6 カミオカンデ実験で測定された，ニュートリノ反応により生成された電子 [34]，ミュー粒子の方向分布．$\cos\Theta = -1$ が上向きに飛ぶ（つまり下から来た）粒子，$\cos\Theta = +1$ が下向きに飛ぶ（つまり上から来た）粒子に対応する．

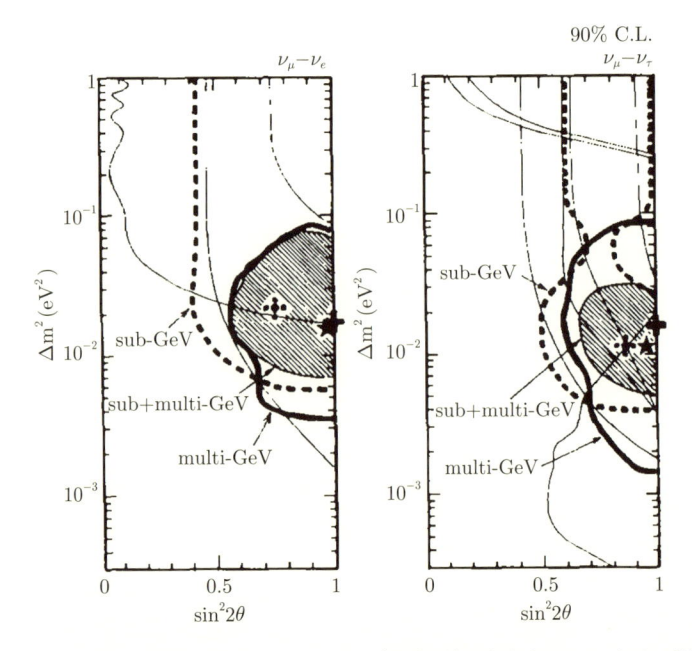

図 4.7 カミオカンデ実験の大気ニュートリノ観測で決められたニュートリノ振動パラメータの領域 [34]．（左）$\nu_\mu \to \nu_e$ 振動を仮定．（右）$\nu_\mu \to \nu_\tau$ 振動を仮定．

4.2.2 スーパーカミオカンデ実験

スーパーカミオカンデは，その大質量を活かし，高統計で大気ニュートリノを観測し，1998 年に大気ニュートリノでニュートリノ振動が起こっていることを発見した．ニュートリノ振動の発見は，ニュートリノに質量が存在する確かな証拠であり，素粒子物理学の標準模型を超える大発見であった（8.2 節の米国元大統領ビル・クリントン氏の演説が興味深い）．スーパーカミオカンデで，1日約 7 事象の大気ニュートリノが観測される．スーパーカミオカンデも，カミオカンデと同じ検出方法で，大気ニュートリノが水分子と反応して生成した電子もしくはミュー粒子を観測する．スーパーカミオカンデ測定器が観測した大気ニュートリノは，チェレンコフリングの形で電子事象（ぼやけたリング）とミュー粒子事象（くっきりしたリング）に分けられる．ミュー粒子を観測した事象がミュー型ニュートリノ候補，電子を観測した事象が電子型ニュートリノ候補である．観測した電子型ニュートリノとミュー型ニュートリノのエネルギー領域に分けた方向分布が図 4.8 である [14]．図 4.8 から明らかなように，ミュー型ニュートリノ事象が減少している．さらにエネルギーの高いサンプルで明確なように，下向きから来るニュートリノが減少している．測定は $\nu_\mu \to \nu_e$ 振動

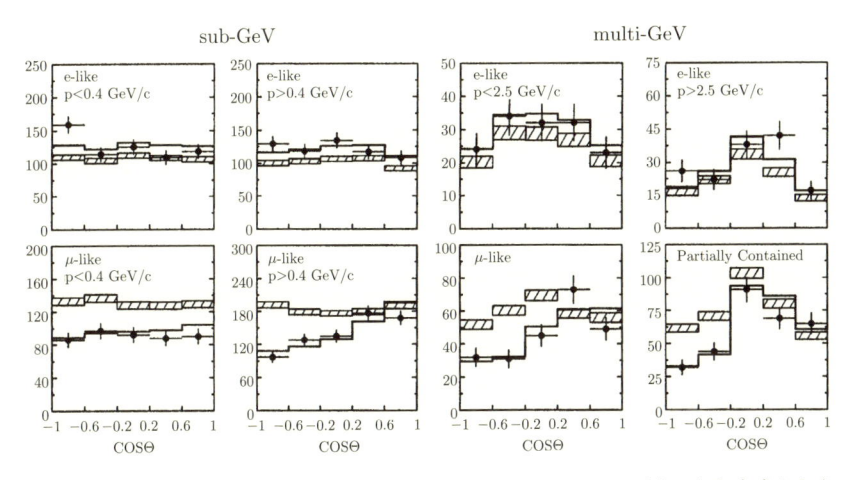

図 4.8　スーパーカミオカンデ実験で測定された，ニュートリノ反応により生成された電子，ミュー粒子の方向分布 [14]．$\cos\Theta = -1$ が上向きに飛ぶ（つまり下から来た）粒子，$\cos\Theta = +1$ が下向きに飛ぶ（つまり上から来た）粒子に対応する．上段が電子候補事象，下段がミュー粒子候補事象で，左側が低エネルギー，右側が高エネルギーサンプルとなる．

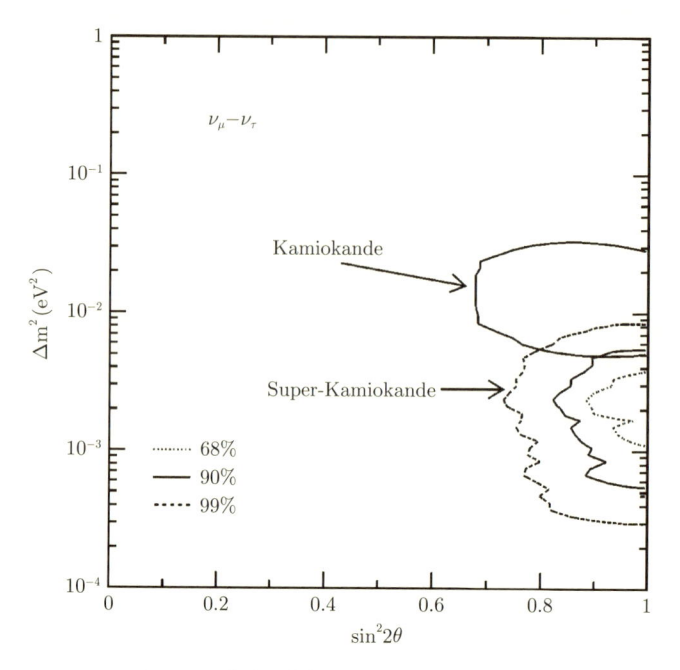

図 4.9 スーパーカミオカンデ実験の大気ニュートリノ観測で決定したニュートリノ振動パラメータの領域 [14].

でなく[6]，$\nu_\mu \to \nu_\tau$ 振動であることを明確に示している（ν_τ は τ 粒子の質量が重いので生成反応率が小さく，ν_μ の欠損として観測される）．さらにニュートリノ振動確率（式 (3.15) と式 (3.16)）はエネルギー（GeV 領域）と飛行距離（10〜10,000 km 領域）に関係しているので，エネルギーと到来分布の測定から，ニュートリノ振動パラメータとして図 4.9 の領域が決定された．スーパーカミオカンデ実験の測定（図 4.9）はカミオカンデ実験の測定（図 4.7（右））と一致しており，カミオカンデ実験がニュートリノ振動を観測していたことが確認された．しかし，カミオカンデ実験の測定は $\nu_\mu \to \nu_e$ 振動（図 4.7（左））か $\nu_\mu \to \nu_\tau$ 振動（図 4.7（右））か決まらず，精度も不足していたため，ニュートリノ振動の確定（発見）には至らなかった．スーパーカミオカンデ実験ではニュートリノ振動パラメータは $\Delta m^2 \sim 2.2 \times 10^{-3}$ eV^2 で $\sin^2 2\theta_{23} = 1.0$ と測定された．この値は，5.1 節で説明する加速器ニュートリノビームを使って，より高

---

[6] $\nu_\mu \to \nu_e$ 振動は，5.1.2 項で紹介する T2K 実験によって発見される．

精度で決定される．スーパーカミオカンデは，現在も大気ニュートリノの観測を継続し，$\nu_\mu \to \nu_\tau$ 振動における τ の観測にも成功した [35][7)]．

4.3 地球反ニュートリノ

地球の内部（地殻とマントル）には大量の放射性物質（ウラン U, トリウム Th, カリウム K）が存在し，その崩壊で出てくる放射加熱が地球の熱源の大きな部分を占めていると考えられている．地球全体の熱放射は約 40 TW 程度と考えられており，そのうちの半分が放射性物質起源と予想される．ウラン U, トリウム Th, カリウム K のベータ崩壊は次の過程が考えられる．

$$\begin{aligned}
^{238}\text{U} &\to {}^{206}\text{Pb} + 8\,{}^4\text{He} + 6e^- + 6\bar{\nu}_e + 51.7 \text{ MeV} \\
^{232}\text{Th} &\to {}^{208}\text{Pb} + 6\,{}^4\text{He} + 4e^- + 4\bar{\nu}_e + 42.7 \text{ MeV} \\
^{40}\text{K} &\to {}^{40}\text{Ca} + e^- + \bar{\nu}_e + 1.31 \text{ MeV} \\
^{40}\text{K} + e^- &\to {}^{40}\text{Ar} + \nu_e + 1.50 \text{ MeV}
\end{aligned} \quad (4.7)$$

ウラン，トリウムからの熱放出がそれぞれ 8 TW，カリウムの熱放出が 3 TW と仮定すると，地球表面でのニュートリノと反ニュートリノのフラックスは

$$\phi_{\bar{\nu}_e} = 4.6 \times 10^6/\text{cm}^2/\text{s}$$

$$\phi_{\nu_e} = 2.6 \times 10^5/\text{cm}^2/\text{s}$$

と予想される．ここで，地球ニュートリノ（ϕ_{ν_e}）の観測はバックグランドの量から難しく，地球反ニュートリノ（$\phi_{\bar{\nu}_e}$）の観測について紹介する．予想される地球反ニュートリノのエネルギー分布が図 4.10 である [36]．地球は反ニュートリノで輝いている星である．

カムランド実験では，式 (2.6) で説明した逆ベータ崩壊 $\bar{\nu}_e + p \to e^+ + n$ を使って地球反ニュートリノを観測した．反ニュートリノの測定（$\bar{\nu}_e + p \to e^+ + n$）については，5.2 節（原子炉反ニュートリノのところ）で詳細に説明する．観測

[7)] 本書の範囲を超えるが，スーパーカミオカンデは，地球内部の物質効果による $\nu_\mu \to \nu_e$ 振動（3.2 節参照）も研究しており，Δm^2_{32} の符号（正符号：$m_3 > m_1, m_2$ か負符号：$m_3 < m_1, m_2$）や CP 対称性に関係する複素位相パラメータ δ を決めようとしている．

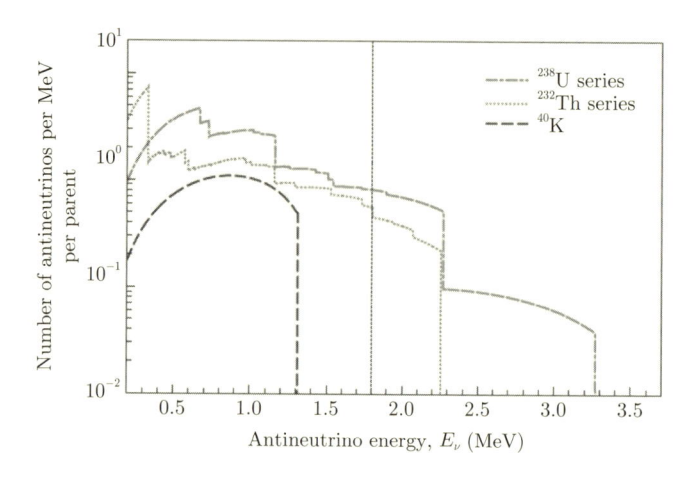

図 4.10 予想される地球反ニュートリノのエネルギー分布 [36].

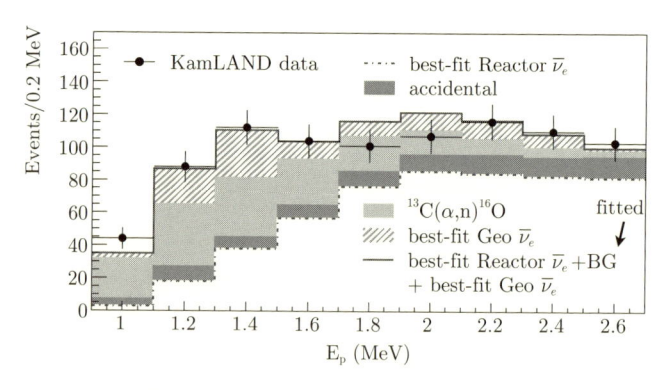

図 4.11 カムランド実験で観測された逆ベータ崩壊 $\bar{\nu}_e + p \to e^+ + n$ での e^+ のエネルギー分布 [37].

された逆ベータ崩壊での e^+ のエネルギー分布が図 4.11 である．期待されるエネルギー領域（0.9 ～ 2.6 MeV 領域）で 111^{+45}_{-43} 事象の地球反ニュートリノ事象を観測し，地球起源の反ニュートリノを発見した [37][8]．地球反ニュートリノフラックスは

---

[8] 背景事象の総数は 729 で，その大部分は原子炉反ニュートリノ（485 事象），^{13}C 起源のバックグラウンド（165 事象）である．2015 年の時点で，日本の原子炉の大半が休止しているため原子炉反ニュートリノのバックグラウンドがなくなっており，現在より高精度の測定が進行中である．

$$\phi_{\bar{\nu}e} = 4.3^{+1.2}_{-1.1} \times 10^6/\mathrm{cm}^2/\mathrm{s}$$

と測定され，理論予想値（式 (4.3)）とよく一致し，地球内部をニュートリノで観る新しい手段が確立した．

4.4 超新星ニュートリノ

超新星爆発は，宇宙でもっとも強力なニュートリノ発生源である．太陽の 8 倍以上の質量をもつ恒星が，その最後に超新星爆発を起こし，太陽が 45 億年間に放出する全エネルギーの 100 倍以上のエネルギーを，約 10 秒間にニュートリノとして放出する．ニュートリノの生成過程は，超新星爆発の最初の 10 ミリ秒に，高密度のために星の中心部で陽子が中性子化し

$$e^- + p \to n + \nu_e$$

電子型ニュートリノを放出する．さらに，星内部の温度が上昇することで，次の熱過程でニュートリノ対が放出される．

$$\begin{aligned}\gamma + \gamma &\to \nu_{(e,\mu,\tau)}\overline{\nu}_{(e,\mu,\tau)} \\ e^- + e^+ &\to \nu_{(e,\mu,\tau)}\overline{\nu}_{(e,\mu,\tau)}\end{aligned} \quad (4.8)$$

超新星爆発が起こるたびに，大量のニュートリノが宇宙に放出される．超新星爆発が起こった時点で観測するニュートリノを「超新星ニュートリノ」と呼ぶ．また，ニュートリノは反応率が極端に小さく寿命も長いため，過去に起こった超新星ニュートリノも宇宙を漂っている．この過去に起こった超新星起源のニュートリノを「超新星背景ニュートリノ」と呼び，「超新星ニュートリノ」と区別する．

4.4.1 超新星ニュートリノ

これまで観測された超新星ニュートリノは，1987 年に起こった超新星 SN1987A からのニュートリノのみである．1987A からのニュートリノは，日本のカミオカンデ測定器と米国の IMB 測定器で測定された [38, 39]．以下，カミオカンデ測定器での結果を紹介する[9]．カミオカンデにおける超新星ニュートリノ検出

---

[9] 超新星ニュートリノ検出において，カミオカンデはより低エネルギーのニュートリノ反応を見られる分，IMB より優れている．実際，カミオカンデが超新星ニュートリノを 11 事象観測したのに比べて，IMB は 8 事象であった．

は次の過程による.

$$\bar{\nu}_e + p \to e^+ + n \quad [\sigma = 9.77 \times 10^{-42}(E_\nu/10 \text{ MeV})^2 \text{cm}^2] \quad (4.9)$$

$$\nu_e + e^- \to \nu_e + e^- \quad [\sigma = 9.33 \times 10^{-44}(E_\nu/10 \text{ MeV})^2 \text{cm}^2] \quad (4.10)$$

かっこ内の σ は反応断面積（反応が起こる割合を表す量）である．反応断面積の大きさからわかるように，主の反応モードは反ニュートリノが水分子（H_2O）中の水素原子核（p）と反応して陽電子（e^+）と中性子を放出する反応である．カミオカンデでは，中性子を検出できないため，見える信号は陽電子（e^+）のみである．また，カミオカンデは陽電子と電子を区別できないため，実際は式(4.9) の反応と式 (4.10) の反応が混じっていることも議論されている[10]．

超新星ニュートリノ信号の特徴は，短時間，つまり超新星爆発が起こったその瞬間に，多数のニュートリノ事象が見つかることである．カミオカンデ実験で，SN1987A の爆発が起こった時刻付近でニュートリノ事象が見つかった時間分布を図 4.12 に示す．確かに，SN1987A の爆発が起こった時刻近辺に，ニュー

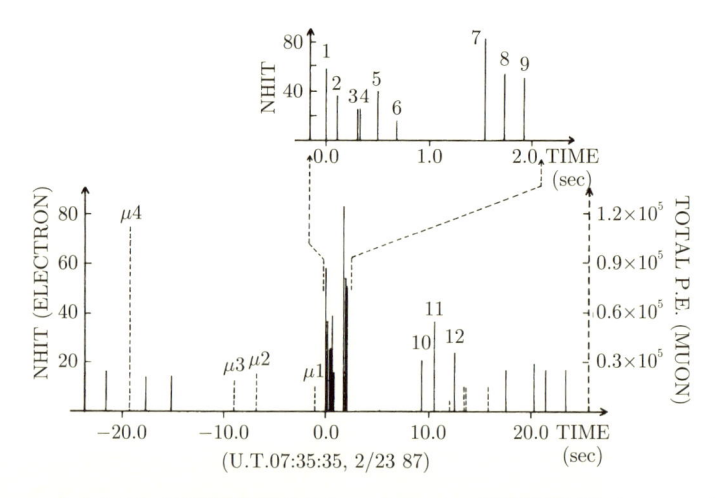

図 4.12 カミオカンデ実験で観測された，SN1987A の爆発時刻付近でのニュートリノ事象 [38]．横軸が時間で，SN1987A の爆発の瞬間の 2 秒間に 9 ニュートリノ候補が観測されている（右上拡大図）．

---

[10] 式 (4.9) と式 (4.10) の反応で断面積は 100 倍違うが，ニュートリノ標的となる陽子の数と電子の数が 2 : 18 で約 10 倍違うため，10 個の反応（式 (4.9)）に対して，反応（式 (4.10)）が 1 つ程度あってもよい．

トリノ事象がまとまって観測されている．ニュートリノ事象がまとまって観測された時間は，SN1987A が光学的に観測される時刻の約 18 時間前で，超新星爆発のメカニズム（ニュートリノを放出した後に，星が爆発する）ともよく一致する．カミオカンデの観測から予想される SN1987A がニュートリノとして放出したエネルギーの総量は 8×10^{52} ergs で，II 型超新星の爆発で放出されるエネルギー 3×10^{53} ergs の予測値とよく一致している．この観測（宇宙からのニュートリノの初観測）が，ニュートリノ天文学の幕開けと言える[11]．超新星ニュートリノの観測は天文学として新しいだけでなく，素粒子物理学においてもニュートリノの性質の解明に大きく寄与した．超新星ニュートリノ観測からわかったことを以下にまとめる．

ニュートリノ質量 観測されたニュートリノに質量があれば，そのエネルギーに依存して到着時間が変わる．観測されたニュートリノの時間差が 10 秒以内であることから，ニュートリノ質量に $m_\nu \leq 20$ eV と制限がついた．

ニュートリノ寿命 ニュートリノが SN1987A の崩壊点から地球上まで届いたことから，ニュートリノは超新星と地球の間の距離では崩壊しないことがわかった．相対論的効果を含め，ニュートリノの寿命は $\tau_\nu \geq \frac{m_\nu(eV)}{E_\nu(MeV)} \times 5 \times 10^6$ 秒と制限がついた．ここで E_ν はニュートリノのエネルギーである．

ニュートリノの電荷，磁気能率 ニュートリノに電荷があればローレンツ力により銀河磁場で曲げられる．また，磁気能率があれば超新星内での相互作用により右巻きニュートリノができ，超新星のニュートリノによる冷却機構が変わる．以上のことからニュートリノの電荷 $Q_\nu < 3 \times 10^{-20}/B$(ガウス)$/L$(パーセク)，ニュートリノの磁気能率 $\mu_\nu \leq 10^{-12} \mu_{Bohr}$（$L$ はニュートリノの直線飛行距離，μ_{Bohr} はボーア磁子）と制限がついた．

以上の通り，1 例の超新星ニュートリノの観測から，天文学，素粒子物理学に対して非常に有益な情報が得られた．

カミオカンデの後継実験であるスーパーカミオカンデは，カミオカンデに対して 10 倍以上の感度で超新星ニュートリノを観測できるので，次の超新星ニュー

---

[11] 当時，ホームステイクの実験で太陽ニュートリノが観測されていたが，観測された事象が太陽からのものかどうか確定されていなかった．また，ホームステイクの実験ではリアルタイムで天体を観測できないため，カミオカンデがニュートリノ天文学を開拓したと言ってよい．

トリノの観測が待たれている．特に，オリオン座の赤色超巨星ベテルギウスは星の表面が変形して，星の一生を終える最終段階で，いつ超新星爆発が起こっても不思議ではない．ベテルギウスが超新星爆発を起こすと，スーパーカミオカンデでは 2000 万個の超新星ニュートリノが検出されると予測されている．ベテルギウスでなくても，我々の銀河の中心部で超新星爆発が起こった場合は，スーパーカミオカンデでは 10,000 個近いニュートリノが観測され，超新星爆発のメカニズムの解明やニュートリノの性質の決定が大きく進むと期待されている [40]．

4.4.2 超新星背景ニュートリノ

超新星が爆発する頻度は我々の住む銀河では 100 年に 1 回程度と予想されており，長い観測時間が必要となる．しかし，宇宙の過去を見ると，多くの超新星が爆発しており，その爆発の際に放出されたニュートリノは，今も宇宙を漂っている．この宇宙に残存する超新星ニュートリノを観測することで，やはり超新星爆発の機構と，過去の宇宙でどのくらいの頻度で超新星爆発があったかがわかる．スーパーカミオカンデでは，この超新星背景ニュートリノの探索が行われている．信号は式 (4.9) であり，反電子ニュートリノを探す．スーパーカミオカンデは中性子を観測できないので，信号は陽電子のみである．超新星ニュートリノの信号のように，時間的にまとまって起こらないため，背景事象を極限まで落とす必要がある．現在つけられている制限は，反電子型ニュートリノのフラックスに対して

$$\phi_{\bar{\nu}e} < 2.9 \quad [/\mathrm{cm}^2/\mathrm{s}] \quad (E_{e^+} > 16 \text{ MeV})$$

となっている [41]．

現在，スーパーカミオカンデ実験では，この探索感度向上のために式 (4.9) 反応で出る中性子を観測する方法を開発中である[12]．

4.5 宇宙高エネルギーニュートリノ

宇宙には，太陽ニュートリノ，超新星ニュートリノ以外にも，観測可能なニュー

---

[12] 水に Gd を溶かすことで，Gd が中性子を捕獲し，約 8 MeV の γ 線を放出する．この γ 線はスーパーカミオカンデで見られるので，中性子を観測することが可能となる．

トリノ源が多数存在すると考えられている．特に，宇宙線の起源となる，陽子加速天体（活動銀河核やγ線バースト天体等）の近傍では高エネルギーのπ中間子が生成していると考えられ，$\pi \to \mu + \nu$崩壊によりニュートリノが生成されると考えられている．これらの宇宙線の起源となる高エネルギー天体の観測は，陽子では銀河間磁場により軌道が曲げられるため，天体を同定することが難しい．高エネルギーγ線による観測も，100 TeVを超えるようなエネルギーでは3 Kの宇宙背景放射と相互作用し，その到達距離はたかだか10万光年程度（天の川銀河の直径）である．しかし，ニュートリノを使えば，磁場に曲げられることもなく，また透過力が高いため，遠方の高エネルギー天体を観測，つまりニュートリノ天文学が可能となる．

また，宇宙線の起源である高エネルギー陽子（4×10^{19} eV以上）も宇宙背景放射と相互作用しπ中間子を生成するため，宇宙での到達距離が短くなり（1.5億光年程度），地球上では観測できない．この観測できる陽子のエネルギー限界をGZK（Greisen-Zatsepin-Kuzmin）限界 [42,43] と呼ぶが，この反応でできるπ中間子はニュートリノに崩壊するため，GZK限界起源のニュートリノが宇宙には存在すると考えられている．

これらの高エネルギー宇宙ニュートリノの観測を目指して，南極に超巨大ニュートリノ望遠鏡IceCubeが建設された．IceCubeではこれまで，10^{15} eVを超える宇宙起源と考えられるニュートリノを3事象観測した [44]．観測したエネルギー分布が図4.13（左）である．10^{14} eV（10^2 TeV）以下のエネルギー領域では，大気ニュートリノを始め宇宙起源でないニュートリノによる背景事象が多いが，高いエネルギー領域では宇宙起源ニュートリノが観測されている．最高エネルギー2×10^{15} eVをもつニュートリノ事象のディスプレイが図4.13（右）である[13]．観測されたエネルギーはGZKニュートリノとしては低すぎるため，活動銀河核等の高エネルギー天体起源のニュートリノと考えられる．

IceCube実験によって，高エネルギーでのニュートリノ天文学がスタートした．ニュートリノ天体を探索するために，3×10^{13} eV以上のエネルギーを観測したニュートリノについて，その飛来方向を示したのが図4.14である．全部で37事象あり，そのうちの約60%が宇宙ニュートリノと予想される．図4.14上には，1点から出ているニュートリノ源は確認できず，ニュートリノ天体はま

---

[13] IceCubeの1辺の長さが約1 kmなので，観測されたニュートリノ事象の大きさがよくわかる．

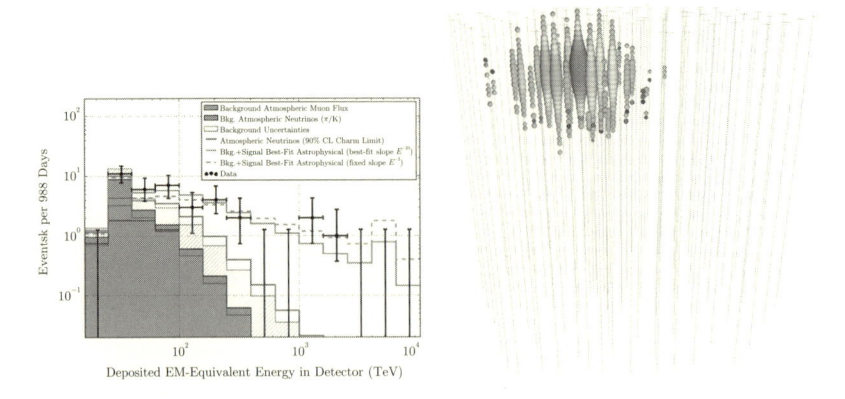

図 **4.13** （左）IceCube で観測したニュートリノのエネルギー [44]．白塗りのヒストグラムが宇宙ニュートリノ，色塗りは大気ニュートリノ等のバックグラウンドである．（右）最大エネルギーを記録したニュートリノ事象のディスプレイ [44]．各ドットが光センサー一個に対応しており，大きさがそこで観測された光の量（エネルギーに対応）を示している．

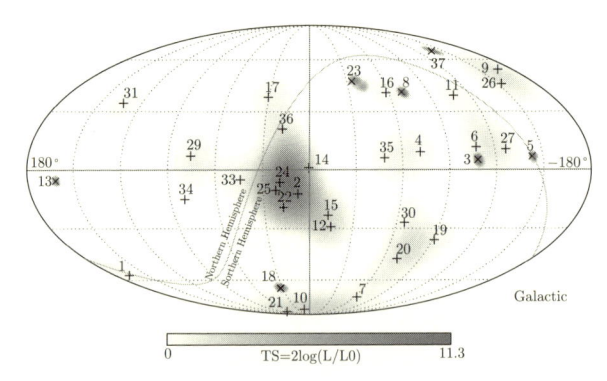

図 **4.14** IceCube で観測したニュートリノの飛来方向分布（銀河座標）[44]．

だ発見できていない．

4.6　宇宙背景ニュートリノ

ビッグバン後の宇宙初期（約 1 秒程度）には，宇宙の温度は数 MeV あり，ニュートリノも熱平衡状態にあった．

$$\nu_e + e^\pm \leftrightarrow \nu_e + e^\pm$$
$$\nu_e + n \leftrightarrow e^- + p \tag{4.11}$$
$$\bar{\nu}_e + p \leftrightarrow e^+ + n$$

宇宙のエネルギーが 0.72 MeV 以下になると，ニュートリノは反応しなくなり熱平衡から切り離される．このときは，ビッグバンの 2 秒後と見積もられる．その後，宇宙の膨張とともにニュートリノの温度は下がり，現在宇宙を満たしているニュートリノの温度は 1.94 K と予想されている．また，ビッグバン宇宙論では，ニュートリノの個数密度を $110 \times 3 = 330$ 個/cm^3 と予想する．

宇宙背景放射ニュートリノはエネルギーが低いので，反応断面積が極端に小さく，検出が難しい．これまで色々なアイデアが議論されてきたが，今のところ実現可能性のある検出方法は見つかっていない．

もしニュートリノの寿命が有限で，重いニュートリノが軽いニュートリノに $\nu_3 \to \nu_2 + \gamma$ と崩壊できると仮定すると[14]，宇宙背景ニュートリノの崩壊でできた光子（赤外線領域）が宇宙を満たしている可能性がある．この場合は，宇宙背景放射の赤外線領域を高精度・高感度で測定することで，宇宙背景ニュートリノを捕まえられる可能性があり，その実験準備が進められている [45]．

---

[14] 素粒子の標準模型を超えた理論では，ニュートリノの崩壊を予言する理論もある．ただし，あまりポピュラーではない．

第5章 人工ニュートリノ実験

　ニュートリノの性質をより詳細に研究するためには，整えられた良い条件の下で，大量のニュートリノを利用できる人工ニュートリノ源を使った実験が有効である．ニュートリノを人工的に生成する方法には，加速器を使う方法，原子炉を使う方法，人工的に生成した放射性同位元素の崩壊を使う方法の3種類がある．これらのニュートリノ生成法は，クォークレベルの過程で考えると

$$d \to u + e^- + \bar{\nu}_e \quad (もしくは u \to d + e^+ + \nu_e) \tag{5.1}$$

といった反応である．ミュー型ニュートリノ（ν_μ）やタウ粒子型ニュートリノが出る反応では，e を μ, τ に ν_e を ν_μ, ν_τ とすればよい．実在する粒子のレベルでは，中性子 (n) がクォークレベルでは udd，陽子 (p) が uud なので，式 (5.1) は $udd \to uud + e^- + \bar{\nu}_e$ と拡張でき，式 (2.6) のベータ崩壊 $n \to p + e^- + \bar{\nu}_e$ が示せる．

　本章では，まず加速器によるニュートリノ生成法について説明し，その後で加速器ニュートリノビームを使った実験について紹介する．次に，原子炉でのニュートリノ発生機構について説明し，原子炉ニュートリノ源を使った実験について紹介する．最後に，加速器や原子炉で生成可能な放射性元素のベータ崩壊を使ったニュートリノ実験について説明する．

5.1 加速器ニュートリノビーム

　ニュートリノビーム生成には強力な陽子加速器が必要で，日本では2005年までは高エネルギー加速器研究機構（KEK）の陽子加速器12GeV-PSが，2009年からは茨城県東海村にある大強度陽子加速器施設 J-PARC（Japan Proton Accelerator Complex）でニュートリノビームの生成が可能である．

5.1.1 K2K 実験 –日本を縦断するニュートリノビーム–

K2K 実験[1] は世界で初めてニュートリノビームを数百 km 飛ばしたパイオニア的実験で，スーパーカミオカンデの大気ニュートリノ観測（4.2 節）で発見したニュートリノ振動を人工ニュートリノで世界で最初に確認した [15]．茨城県つくば市の KEK にある 12GeV-PS で毎秒数兆個のニュートリノビームを生成し，250 km 離れた神岡に向けて発射し，0.001 秒後にニュートリノは神岡に到着する．毎秒数兆個のニュートリノビームのうち，わずか 2 日に 1 個程度が 5 万トンのスーパーカミオカンデで反応して観測された．K2K 実験は 2004 年まで行われ，112 個のニュートリノをスーパーカミオカンデで観測することに成功した．スーパーカミオカンデでは，水分子中の核子（陽子と中性子）と準弾性散乱をしてできたミュー粒子を観測する．観測されたミュー型ニュートリノ数とそのエネルギーは，ニュートリノ振動の予想とよく一致していた．この結果から，2 種類のニュートリノの混合角と質量の 2 乗差が測定され，大気ニュートリノ振動の観測とほぼ同値である $\Delta m^2 \sim 2.7 \times 10^{-3}$ eV^2, $\sin^2 2\theta_{23} = 1.0$ となった．

5.1.2 T2K 実験

J-PARC では陽子を 30 GeV（1 GeV は 1,000,000,000 eV）のエネルギーまで加速し，この陽子を炭素標的に照射し強い相互作用で大量の π 中間子を生成する．生成される π 中間子の総量は 1 秒当たり 10^{14} 個以上となる．ニュートリノをビームとして整形するために，この生成された π 中間子を目標方向に向けるように磁場を印加する．この磁場を印加する装置を電磁ホーンと呼び，J-PARC ニュートリノビーム施設には 3 台の電磁ホーンが設置されている．π 中間子は飛行中に次のように崩壊して，ミュー型ニュートリノビーム（ν_μ）を生成する．

$$\pi^+ \to \mu^+ + \nu_\mu \quad (\text{もしくは} \pi^- \to \mu^- + \overline{\nu}_\mu) \tag{5.2}$$

π^+ 中間子はクォークレベルでは $u\overline{d}$ なので，式 (5.2) で括弧の中の式で右辺の d クォークを左辺にもってくることで $\overline{d}$ となり，電子をミュー粒子に置き換えれば，式 (5.1) と同等なことがわかる．以上から，加速器で生成されたニュートリノビームはミュー型ニュートリノビームである[2]．

---

[1] K2K 実験は KEK-to-Kamioka で to を 2 で置き換えた略となっている．
[2] 式 (5.2) の中で，π^+ 中間子の崩壊で生成された μ 粒子が $\mu^+ \to e^+ + \nu_e + \overline{\nu}_\mu$ と崩壊して電子ニュートリノを生成する．μ 粒子は長寿命（π 粒子の寿命より約 100 倍長

以上のように生成されたニュートリノビームは，ニュートリノ振動を観測するために 300 km 遠方にある測定器スーパーカミオカンデに向けて照射される．J-PARC からのニュートリノビームをスーパーカミオカンデで測定する実験が T2K 実験と名付けられた[3]．

ニュートリノ振動の確率は式 (3.15) なので，スーパーカミオカンデの大気ニュートリノや K2K 実験で測定された $\Delta m^2 \sim 2.5 \times 10^{-3}$ eV^2 の場合，ニュートリノ振動を効率よく起こすためには距離 $L = 300$ km でエネルギーが 600 MeV 程度のニュートリノビームが適している．T2K 実験ではオフアクシス法[4]という方法を使って，ニュートリノビームエネルギーが 600 MeV 程度になるように調整している．T2K 実験は 2010 年から始まり，2011 年に世界に先駆けてミュー型ニュートリノが電子型ニュートリノに振動する証拠を捕まえた [19]．$\nu_\mu \to \nu_e$ 振動は，$\nu_\mu \to \nu_\tau$ よりも振動確率が小さく，T2K 実験でニュートリノビームを最適化したことにより発見できた．図 5.1 にスーパーカミオカンデで観測された電子ニュートリノ事象を紹介する．T2K 実験で研究している振動長ではミュー型ニュートリノはほとんどタウ型ニュートリノに振動するため，驚きの発見であった．$\nu_\mu \to \nu_\tau$ を起こす振動角を θ_{23} とすると，$\nu_\mu \to \nu_e$ は振動角 θ_{13} を通して起こると考えられている．2012 年には，5.2 節で説明する原子炉反ニュートリノ実験で，振動角 θ_{13} が精密に測定された．T2K 実験はその後データを増やし，2013 年に 7σ の有意性でミュー型ニュートリノから電子型ニュートリノへの振動を確実なものとした [46][5]．図 5.2 に T2K 実験で観測された電子型ニュートリノ事象のエネルギー分布を示す．ニュートリノ振動の証拠としてエネルギーが 600 MeV 程度に多くの電子ニュートリノ事象が観測された．T2K 実験では電子型ニュートリノを 28 事象観測した．

T2K 実験では，他にもミュー型ニュートリノの残存確率を正確に測定することで，世界最高精度でニュートリノ振動のパラメータ θ_{23} や Δm_{32}^2 を測定して

い) で崩壊確率が低いことから，ニュートリノビーム中に混じる電子ニュートリノの比率は 1 %($=\frac{1}{100}$) 程度である．

[3] T2K 実験は Tokai-to-Kamioka で to を 2 で置き換えた略となっている．

[4] オフアクシス法は本書の範囲を超えるので，説明は割愛する．

[5] 素粒子物理学では，3σ（誤認確率が 0.3 %）をもつ信号を "evidence"（証拠），5σ（誤認確率が 0.00006 %）をもつ信号を "observation"（観測）と呼ぶ場合が多い．統計的ふらつきで，間違った事象を信号と誤認しないように，一定の基準を設けている．ただし，信頼に足る測定をしている場合には，3σ 相当で十分信号であると考えても問題ない．逆に，信頼がおけない測定では，5σ でも十分でないケースもある．

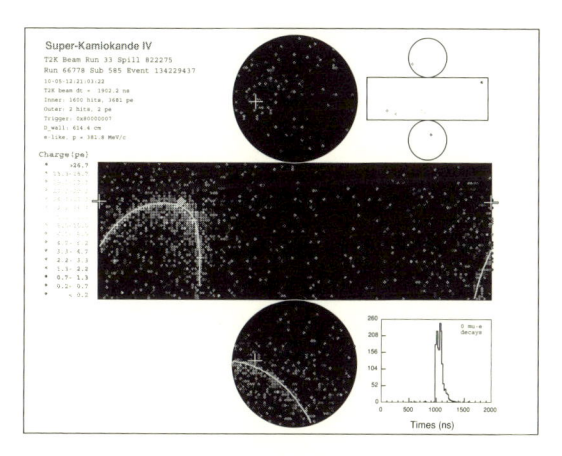

図 **5.1** T2K 実験で最初に見つかった電子型ニュートリノ候補（T2K 実験グループ提供）．スーパーカミオカンデ内側の展開図で，色が光電子増倍管で観測された光の量を表している（口絵 3）．

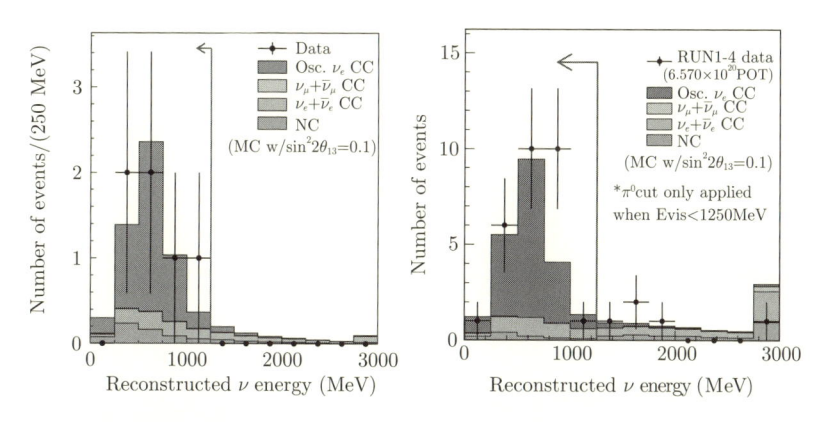

図 **5.2** T2K 実験で測定された電子型ニュートリノのエネルギー分布．点がデータで，ヒストグラムがシミュレーションの予想値．"Osc. ν_e CC" はニュートリノ振動で出現した電子型ニュートリノの予想で，他はバックグラウンドの予想である．左図が 2011 年までのデータ（信号 6 事象）[19]，右図が 2013 年までのデータ（信号 28 事象）[46] である．

いる [21]．また，後述する原子炉ニュートリノ実験で測定した θ_{13} の値を使えば，ニュートリノ振動で粒子・反粒子対称性（CP 対称性）の破れの大きさを示すパラメータ δ を調べることが可能となる．表 3.2 でまとめたニュートリノ振動のパラメータのいくつかは T2K 実験の測定が大きく貢献している．

T2K 実験は，まだ進行中の実験であり，より高精度でニュートリノ振動の研究，特にニュートリノにおける粒子と反粒子の違いについての研究の進展が今後期待されている．

5.1.3　世界の加速器ニュートリノ実験

加速器ニュートリノビームを使った世界の他の実験を簡単に紹介する．

ヨーロッパでは CERN 研究所[6]からイタリアのグランサッソ地下研究所に向けて 735 km の距離をニュートリノビームを飛ばしている．グランサッソ地下研究所で，OPERA 実験が行われ，ミュー型ニュートリノがタウ型ニュートリノに振動していることを確認した[7] [47]．

アメリカには，フェルミ研究所でニュートリノビームが生成可能で，735 km の距離を飛ばす MINOS 実験と 835 km の距離を飛ばす NOvA 実験 [48] がある．MINOS 実験は T2K 実験が始まるまでは，世界最高精度でニュートリノ振動のパラメータ Δm_{32}^2 を測定していた [49]．NOvA 実験は 2013 年から始まり，T2K 実験のライバルとなっている．特に，ニュートリノ飛行距離が T2K 実験より長い分，物質効果（3.2 節参照）が大きいと期待され，Δm_{32}^2 の符号決定ができると考えられている．フェルミ研究所では，他にも研究所内で，飛行距離の短い（1 km 以内）ニュートリノ振動実験がいくつか行われている．

5.2　原子炉反ニュートリノ

原子力発電に利用される原子炉は，強力な反電子型ニュートリノの発生源である．原子炉では核燃料であるウラン（^{235}U）等の核分裂のときに発生するエネルギーを熱源として発電に利用している．この核分裂の際に生成される原子核（1 例は ^{140}Xe）は不安定で，β 崩壊（式 (2.3)：$n \to p + e^- + \bar{\nu}_e$）によって反電子型ニュートリノを生成する．1 回の核分裂当たり平均 6 個の反電子型ニュートリノが生成され，計算では 1 GW の発電量に対して毎秒 10^{20} 個の反電子型ニュートリノが発生する．発生するニュートリノのエネルギーは低エネ

---

[6] ヒッグス粒子を発見した超大型加速器 LHC をもつ研究所．
[7] OPERA 実験は 2011 年に，ニュートリノの速度が光速を超えているという結果を発表したが，1 年後，この結果は測定装置の不具合で生じていたことがわかった．

ルギー側（1 MeV）に多いが，ニュートリノの反応確率が高エネルギー側で大きくなるため，観測される原子炉反ニュートリノのエネルギーは3〜4 MeV辺りがピークとなる．原子炉反ニュートリノの観測には逆ベータ崩壊過程と呼ばれる式(2.6)の$\bar{\nu}_e + p \to e^+ + n$反応が利用される．測定器では陽電子$e^+$のエネルギーと，中性子$n$が原子核に捕獲された際に放出される$\gamma$線のエネルギーの両方を同時に観測することで背景事象を除去する．特に中性子nが原子核に捕獲されるのには時間がかかるため，e^+の信号より遅れた信号（遅延信号）として観測される．この反ニュートリノ観測手法は遅延同時計測法と呼ばれ，最初にニュートリノが観測されたライネスの実験（2.2.1項参照）から使われている歴史をもつ．

5.2.1 カムランド実験

カムランド実験では，式(2.6)の方法を使って原子炉からの反電子型ニュートリノを使って，ニュートリノ振動を測定した．図5.3に示すように，カムランドの周囲180 kmには総熱出力80GWの原子炉26基があり，それらの原子力発電所で発電とともに生成されるニュートリノを観測する．カムランド実験の当初の目的は，太陽ニュートリノ問題がニュートリノ振動である場合に，人工ニュートリノでニュートリノ振動を確認することであった．カムランドの基線長の平均は180 kmで，観測されるニュートリノエネルギーは3〜4 MeVなので，ニュートリノ振動パラメータ$\Delta m^2_{21} \sim 10^{-5}$ (eV)に感度がある．カムランドで観測されたニュートリノ数は，ニュートリノ振動で反電子型ニュートリノが別のニュートリノに振動したために予想値より少なく，図5.4に示すように観測されたエネルギー分布もニュートリノ振動の予想値と一致した[50]．観測数とエネルギー分布を，ニュートリノ振動における反電子型ニュートリノの残存確率（式(3.16)）に基づいて解析して，ニュートリノ振動パラメータθ_{12}とΔm^2_{12}を図5.4のように精度良く測定した．図5.4で，カムランド実験の測定と太陽ニュートリノの測定が一致することから，太陽で起こっていたニュートリノ振動が，地上の人工ニュートリノで確認された．また，カムランド実験は太陽ニュートリノの測定に比べて，ニュートリノのエネルギーと飛行距離が決まっているために，式(3.17)からニュートリノ質量2乗差Δm^2_{12}をより正確に決定することができる．カムランド実験と太陽ニュートリノ測定を組み合わせることで，ニュートリノ振動パラメータθ_{12}とΔm^2_{12}が精度良く決定された．

48　第5章　人工ニュートリノ実験

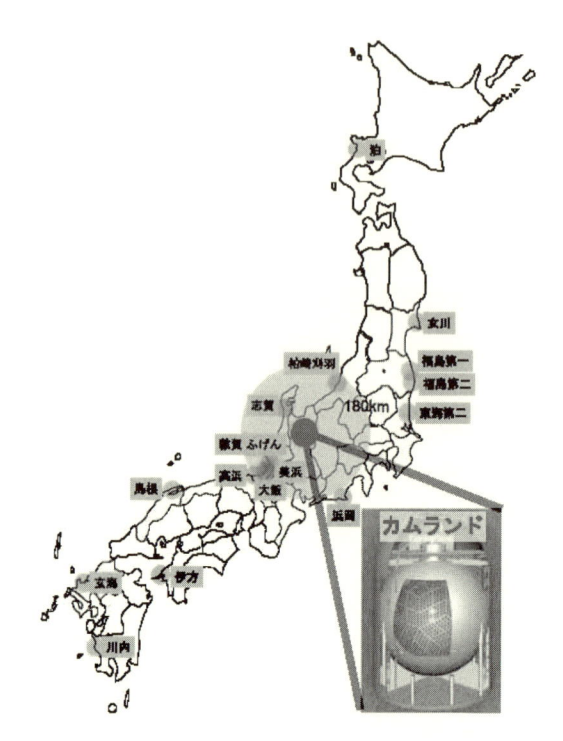

図 5.3　日本にある原子力発電所の位置とカムランドの位置（KamLAND 実験グループのホームページ http://www.awa.tohoku.ac.jp/kamland/?p=58 より引用）．

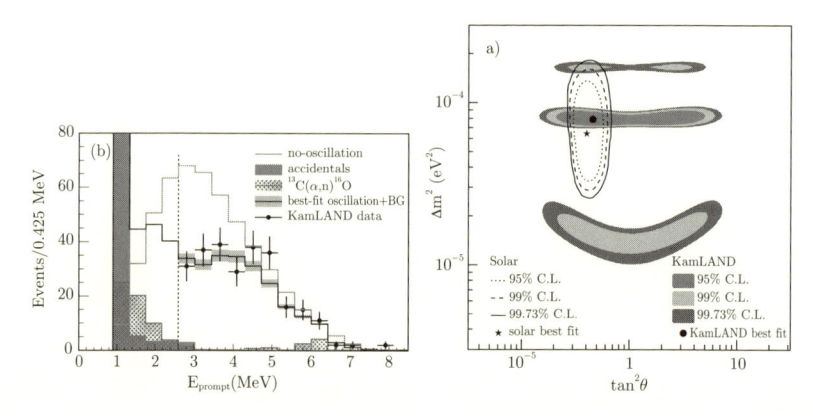

図 5.4　カムランド実験で観測されたニュートリノエネルギー分布と測定された振動パラメータ [50]．混合角 θ は $\tan^2\theta$ で表されている．

5.2.2 原子炉 θ_{13} 実験

カムランド実験では，太陽ニュートリノで起こっているニュートリノ振動 ($\Delta m^2_{12} = 7.9 \times 10^{-5}$ eV^2) が測定された．原子炉反ニュートリノを使って，大気ニュートリノで起こっているニュートリノ振動 ($|\Delta m^2_{31}| = 2.5 \times 10^{-3}$ eV^2) を測定する実験が，中国の Daya Bay 実験，フランスの Double Chooz 実験，そして韓国の RENO 実験である[8]．以下，これらの実験をまとめて原子炉 θ_{13} 実験と呼ぶ．これらの実験は，原子炉反ニュートリノのエネルギーが 3～4 MeV なので，基線長を約 1.5 km 程度に設定することで，振動確率を最大にしている．大気ニュートリノ振動の主成分は混合角 θ_{23} で記述される $\nu_\mu \to \nu_\tau$ 振動であり，この振動は電子型ニュートリノを含まないため，原子炉からの反電子型ニュートリノでは観測されない．反電子型ニュートリノで観測される振動は，混合角 θ_{13} によるものである．2011 年に T2K 実験がミュー型ニュートリノから電子型ニュートリノへの振動を発見する前は，θ_{13} は小さい (～0) と考えられていた．このため，原子炉 θ_{13} 実験では，小さな θ_{13} による振動を高精度で測定するために，2 つ以上の同じタイプのニュートリノ測定器を振動が起こる前の基線長（数百メートル）と振動が最大になる基線長（～1.5 km）に設置し，2 台の測定器での観測値を比較する．2 つの観測値を比較することで，原子炉反ニュートリノ源に由来する系統誤差を打ち消すことができ，さらに測定器の系統誤差の確認も可能となり，高精度な測定が実現された．原子炉 θ_{13} 実験は，T2K 実験がミュー型ニュートリノから電子型ニュートリノへの振動を発見し，θ_{13} が 0 でない証拠を捕まえた直後に，高精度で θ_{13} を測定することに成功した．現在は，原子炉 θ_{13} 実験，特に中国の Daya Bay 実験がもっとも良い精度で θ_{13} を決定している [51]．

原子炉 θ_{13} 実験の比較

3 つの原子炉 θ_{13} 実験を簡単に比較しておく．3 つの実験で，もっとも高精度を達成したのは中国の Daya Bay 実験で，原子炉のパワー，測定器の個数，その結果となるニュートリノ事象数もすべて Daya Bay 実験が優れている．Double Chooz 実験は，測定器を 2 台設置する予定であったが，2 台目の設置が遅れ，1 台の測定器での測定結果しかまだなく，原子炉反ニュートリノ源に関係する系統誤差が大きくなってしまった [52]．韓国の RENO 実験は，当初ニュートリ

---

[8] 日本の研究者は，当初は日本での実験 KASKA を提案していたが，現在は Double Chooz 実験に参加している．

ノ事象数が少ないながらも Daya Bay 実験とよい競争をしていた [53]．しかし，実験装置の較正中に使う放射線源を測定器中に落としてしまう事故があり，その後のデータはこの放射線源からの背景事象を削る必要があり，データの質が劣化することになってしまった．実験は難しいものである．

5.3 放射性元素のベータ崩壊からのニュートリノ

ベータ崩壊（式 (2.3)）を起こす原子核を含む放射性元素[9]はニュートリノ源として利用できる．また，このベータ崩壊が 2 回同時に起こる場合，ニュートリノがマヨラナ粒子であれば，ニュートリノを放出しない 2 重ベータ崩壊が予想される．ここでは，ベータ崩壊によるニュートリノ質量の測定と，2 重ベータ崩壊によるマヨラナニュートリノの検証実験について紹介する．

5.3.1 ベータ崩壊によるニュートリノ質量の直接測定

放射性元素を使った代表的なものは，トリチウム（3 重水素）^{3}H のベータ崩壊を使ってニュートリノ質量を高精度で測定する実験である．この実験のポイントは，3.1 節で紹介したように，eV 以下のニュートリノ質量に感度をもつように，電子の最大エネルギー (E_0) が小さいこと，式 (3.20) のフェルミ関数 $F(E, Z)$ の見積もりが容易なこと，そして高いエネルギー分解能をもつ装置で電子のエネルギー E_e を高精度で測定することである．ベータ崩壊で放出される電子のエネルギーを表した式 (3.20) を $E_e \sim E_0$ の領域で拡大した模式図を図 5.5 に示す [54]．トリチウムは，$^3\mathrm{H} \to {}^3\mathrm{He}^+ + e^- + \nu_e$ と崩壊し，この崩壊電子の最大エネルギー近辺を高精度で測定すればニュートリノ質量を決定できる．Mainz 実験，Troitsk 実験が高精度な電子スペクトロメータ[10]を使用し，ニュートリノ質量を測定した [24,55]．Mainz 実験と Troitsk 実験の精度はほぼ同じなので，Mainz 実験の結果を以下に記す．データはニュートリノ質量が 0 に一致（$m_{\nu_e} = -0.6 \pm 2.2$ (統計誤差) ± 2.1 (系統誤差) eV）し，$m_{\nu_e} < 2.3$ eV という制限を与えた．

---

[9] 原子炉で中性子を照射して人工的に作る元素．
[10] MAC-E フィルター (Magnetic Adiabatic Collimation followed by an Electrostatic フィルター) という特殊な装置を使用している．

5.3 放射性元素のベータ崩壊からのニュートリノ 51

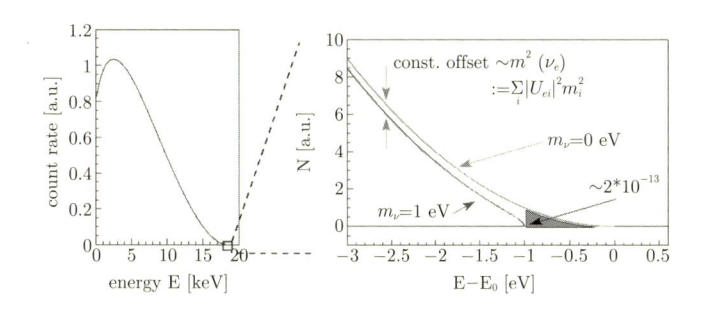

図 5.5 トリチウムの β 崩壊での電子のエネルギー分布の予想図. 右図は最大エネルギー領域の拡大図でニュートリノに質量がある場合の影響を示す.

Mainz 実験, Troitsk 実験の後継実験として, 現在 KATRIN 実験が準備中であり, より大型の MAC-E フィルターという電子スペクトロメータを使用し $m_{\nu e} \sim 0.2$ eV の測定を目指している [56].

放射性元素のベータ崩壊からのニュートリノは, ニュートリノ質量の測定以外に, ニュートリノ測定器の較正や, 弱い相互作用しないステライルニュートリノ探索にも利用されているが, 本書の範囲を超えるので割愛する. 興味ある読者は参考文献を調べるとよい.

5.3.2　2重ベータ崩壊探索とマヨラナニュートリノの検証

放射線源を使って現在精力的に行われているニュートリノ研究が, ニュートリノがマヨラナ粒子かどうかを判定するための2重ベータ崩壊探索実験である. 通常の2重ベータ崩壊は, 式 (2.3) のベータ崩壊が同時に2回起こる現象で次のようになる.

$$n + n \to p + p + e^- + e^- + \bar{\nu} + \bar{\nu} \tag{5.3}$$

ここで, ニュートリノがマヨラナ粒子であれば, 粒子と反粒子が同じ粒子, つまり $\bar{\nu} = \nu$ となる. $\bar{\nu} = \nu$ の場合, $\bar{\nu} + \bar{\nu} = \nu + \bar{\nu} \to 0$ という可能性があり, 式 (5.3) は

$$n + n \to p + p + e^- + e^- \tag{5.4}$$

となる. つまり, ニュートリノを出さない2重ベータ崩壊が可能となる.

第 5 章　人工ニュートリノ実験

　2 重ベータ崩壊はベータ崩壊よりはるかに起こりにくいと考えられる[11]ので，通常のベータ崩壊が禁止されている原子核を利用する必要がある．2 重ベータ崩壊に適した原子核としては，^{48}Ca，^{76}Ge，^{100}Mo，^{130}Te，^{136}Xe，^{150}Nd 等があり，すでにニュートリノを放出する 2 重ベータ崩壊（式 (5.3)）は観測されている．ニュートリノを出さない 2 重ベータ崩壊の特徴は，式 (5.4) よりベータ崩壊で放出される全エネルギーが 2 つの電子（$e^- + e^-$）に行くので，2 つの電子のエネルギーの和を測れば決まった値となる．2 重ベータ崩壊でニュートリノを放出する場合としない場合の電子のエネルギー和の分布を図 5.6 に示す．図 5.6 から明らかなように，2 つの電子が 2 重ベータ崩壊で放出される全エネルギー（ここでは $E_0 = 2.04$ MeV）をもっている．

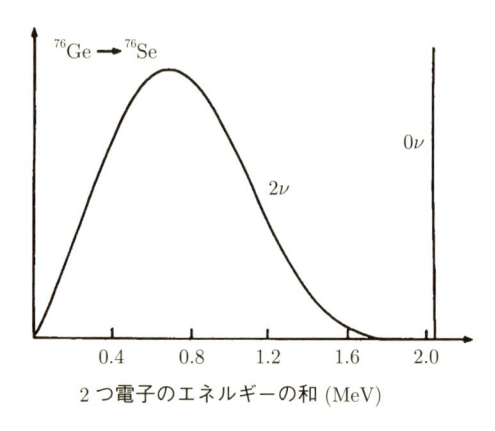

図 **5.6**　2 重ベータ崩壊でニュートリノを放出する場合（2ν）としない場合（0ν）の電子のエネルギー和の分布の予想図 [57]．放射線源として ^{76}Ge を想定．

　ニュートリノを放出しない 2 重ベータ崩壊探索実験のポイントは，

1. 反応が稀にしか起こらないためにバックグラウンドを極限まで減らす
2. 反応が稀にしか起こらないために大量の放射線源を用意する
3. 高精度で電子のエネルギーの和を測定し，ニュートリノが放出される反応と識別する

ことである．

---
[11] ベータ崩壊は弱い相互作用が 1 回起こるだけであるが，2 重ベータ崩壊は弱い相互作用が 2 回起こる必要があり，発生確率が小さくなる．

5.3 放射性元素のベータ崩壊からのニュートリノ 53

ニュートリノを放出しない2重ベータ崩壊探索実験は世界の各地で行われているが，現在もっとも感度の良いのが2重ベータ崩壊探索用に改良したカムランド（禅）実験（7.3 節参照）である．カムランド（禅）実験では，装置の中心部に ^{136}Xe を溶かした液体シンチレータの入った透明な風船を設置し，$^{136}\text{Xe} \to {}^{136}\text{Ba} + 2e^-$ を探索した．カムランド（禅）実験で観測した2つの電子のエネルギー和の分布を図 5.7 に示す．エネルギー 2 MeV 以下は，ほとんどニュートリノを放出する2重ベータ崩壊（^{136}Xe $2\nu\beta\beta$）の信号である．ニュートリノを放出しない2重ベータ崩壊はエネルギー 2.479 MeV をもつと想定されたが，その辺りは ^{110m}Ag のバックグランドに支配されていて，信号（^{136}Xe $0\nu\beta\beta$）は観測されなかった．この結果，^{136}Xe のニュートリノを放出しない2重ベータ崩壊の寿命（半減期）は $T^{0\nu}_{1/2} > 1.9 \times 10^{25}$ 年（90 %信頼度）と制限された [58]．このため，ニュートリノがマヨラナ粒子なのかどうかはまだわかっていない．

ニュートリノを放出しない2重ベータ崩壊の寿命は，$\bar{\nu} + \bar{\nu} = \nu + \bar{\nu} \to 0$ の仮定でニュートリノ質量が関係してくる[12]．現在，マヨラナニュートリノを仮定

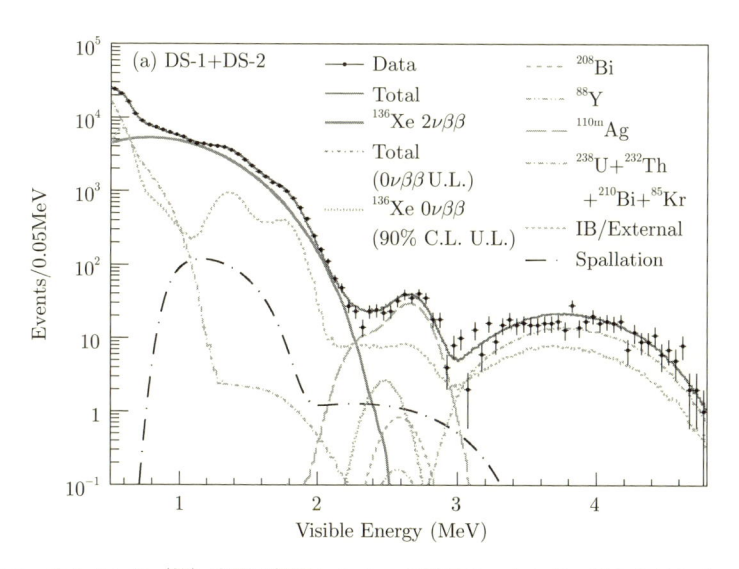

図 5.7 カムランド（禅）実験で観測した2つの電子のエネルギー和の分布 [58]．点が観測されたデータで，線がデータを再現する各反応源である．^{136}Xe $2\nu\beta\beta$ がニュートリノを放出する2重ベータ崩壊，^{136}Xe $0\nu\beta\beta$ がニュートリノをしない2重ベータ崩壊，その他は様々なバックグラウンド源である．

---

[12] この点も本書の範囲を超えるので割愛する．

したニュートリノ質量（$<m_{\beta\beta}>$）は $(0.12-0.25)$ eV 以下となっている[13]．

5.4 その他の人工ニュートリノ生成方法

これまで説明してきた人工ニュートリノ生成方法は，ニュートリノ発生装置として実現され，ニュートリノ実験に利用された実績がある．アイデアのレベルの人工ニュートリノ生成方法として，次の2つの方法を簡単に紹介する．

ミュー粒子の崩壊をニュートリノビームとして使う方法

ミュー粒子の崩壊 $\mu^+ \to e^+ + \nu_e + \bar{\nu}_\mu$（もしくは $\mu^- \to e^- + \nu_\mu + \bar{\nu}_e$）からのニュートリノをビームとして利用するアイデアがあり，ニュートリノファクトリーと呼ばれている [59]．ミュー粒子は 5.1 節で説明した π 中間子の崩壊からのものを収集し，さらに品質の良いニュートリノビームとするためには，集めたミュー粒子を加速器で加速する必要がある．このため，ニュートリノファクトリーのためにはミュー粒子加速器を実現する必要がある．ミュー粒子加速器の実現には，高効率でミュー粒子を収集し，ミュー粒子をビームとして加速できるよう特性を揃え，さらに寿命 2.2 μ 秒のミュー粒子が崩壊する前に加速を終了する必要がある．現在も精力的に開発が進められているが，現時点ではまだ実現の目処はたっていない．

もし，ニュートリノファクトリーが実現できれば，より高品質のニュートリノビームが生成できると考えられている．

β 崩壊する不安定原子核をビームとして使う方法

大強度の陽子ビームで ^{6}He や ^{18}Ne といった不安定原子核を毎秒 $10^{12} \sim 10^{13}$ 個生成し，さらにその不安定原子核を加速器で加速し，高エネルギー（数百 GeV）で蓄積する．これらの原子核が β 崩壊で壊れる際に出すニュートリノをビームとして利用する．静止系では，原子核から出るニュートリノのエネルギーは高々数 MeV なので，原子核が数百 GeV まで加速されていれば，ビーム方向に非常に絞れたニュートリノビームの生成が可能となる [60]．この方法もアイデアの段階で，大量の不安定原子核の生成と収集，その加速等，難題が山積みで，ニュートリノビームとして活用できる目処は今はたっていない．

---

[13] 寿命 $T_{1/2}^{0\nu}$ から $<m_{\beta\beta}>$ を求めるときに，原子核の計算が必要で不定性が出てくる．

第6章 ニュートリノと素粒子物理学の将来

我々の観る多彩な世界が，わずか17個の素粒子により構成されているというのは驚き以外の何物でもない．わずか，これだけの素粒子で多彩な生物やその母体の地球，しいては広大で神秘的な宇宙ができている．この自然を構成するもっとも根幹の部分の物理法則を，ニュートリノを通して今後どのように研究していくのか，この章では今後のニュートリノ研究を基軸とした素粒子物理学の展望について話そう．

6.1 ステライルニュートリノ

本章を通して，ニュートリノには ν_e, ν_μ, ν_τ の3種類が存在すると説明してきた．しかし，素粒子の標準理論を超えた理論では，4番目のニュートリノ ν_s を予言するものがある．もし，ν_s が存在すると，ニュートリノ質量も4つ (m_1, m_2, m_3, m_4) あり，ニュートリノ振動で4章と5章で説明した値と異なる Δm^2（ここでは Δm_{41}^2 とする）が存在する可能性がある．

この可能性は，アメリカのロスアラモス研究所で行われたLSND実験で1996年に指摘された [61]．LSND実験は π^+ 中間子が静止してできる

$$\pi^+ \to \mu^+ + \nu_\mu; \quad \mu^+ \to e^+ + \nu_e + \overline{\nu}_\mu \tag{6.1}$$

の反応を観測する．式 (6.1) には反電子型ニュートリノ $\overline{\nu}_e$ が含まれていないので，もし $\overline{\nu}_e$ が見つかれば $\overline{\nu}_\mu \to \overline{\nu}_e$ 振動の結果と解釈できる．実験を行った結果，3.8σ の有意度で $\overline{\nu}_e$ を観測した．この結果をニュートリノ振動と解釈すると $\sin^2 2\theta \sim 0.001$ で $\Delta m^2 \sim 1$ eV 近辺となる．$\Delta m^2 \sim 1$ eV は明らかに，太陽ニュートリノや大気ニュートリノで観測された値（表3.2参照）と異なり，別の質量のニュートリノ（ν_4）が必要となる．しかし，2.2.4項で説明した通り，

$Z^0 \to n(\nu + \overline{\nu})$ $(n = 2.92 \pm 0.05)$ から，弱い相互作用するニュートリノの数は3であり，4番目のニュートリノは弱い相互作用しない．このため，この4番目のニュートリノをステライル（不活性）ニュートリノと呼ぶ．

ステライルニュートリノの存在は，素粒子の標準模型を超えた現象で，存在すれば大発見である．しかし，1996年の実験結果以来，世界各地でステライルニュートリノ確認実験が行われたが，まだ明確な答えは出ていない．また，LSND実験は非常にバックグラウンドの多い実験であり，バックグラウンドの見積もりが難しく，結果の解釈に注意が必要である．

ただし，LSNDの結果を別にしてもステライルニュートリノ仮説は興味深いものがある．もし，重いステライルニュートリノが存在すれば，宇宙の暗黒物質の可能性もあり，今後も実験と理論の両面での展開が期待される．

6.2 ニュートリノにおける粒子と反粒子対称性の破れ

我々が知っている，宇宙の主な構成要素は陽子 (p)，中性子 (n)，電子 (e^-) であり[1]，反物質（反陽子，反中性子，陽電子）がほとんど存在しない．これは，ビックバン後の宇宙の初期において，粒子と反粒子の対称性に破れがあり，ほとんどの粒子と反粒子は対消滅し，わずかに粒子だけ（10億分の1の割合だけ）が生き残ったと考えられている．このビックバン後の物質創生のシナリオには次に上げるサハロフの3条件が必要と考えられている [62]．

1. バリオン数保存を破る基本過程の存在
2. 粒子・反粒子対称性の破れ（CP対称性の破れ）の存在
3. バリオン数を破る過程が進行中に熱平衡が破れる．

バリオンとは，陽子や中性子等3つのクォークで構成される粒子（陽子：uud, 中性子：udd）の総称的な呼び名であり，バリオン数1をもつと定義する．サハロフの1つ目の条件は，6.3節で取り上げる陽子崩壊が起これば成り立つ．2つ目の条件，CP対称性の破れは，クォークからなるK中間子やB中間子で起こっており，小林・益川理論によって説明されている [1]．3つ目の条件は，少し専門的になるので説明を省くが，状態全体（粒子の集合体全体）でバリオン

---

[1] 暗黒物質，暗黒エネルギーはまだ正体不明である．

数と CP の総和が破れる条件になっている．

　素粒子物理学では，この 3 条件が，宇宙の進化の過程で成り立ったのかどうか検討している．しかし，現在，物質創生のシナリオを定量的に説明できる理論はなく，理論研究は発展途上にある．特に，小林・益川理論が説明するクォークでの CP の破れでは，その効果が小さく，物質創生のシナリオを説明できないことがわかってきた [63]．このために，クォーク以外での CP の破れが期待されている．特に，3.1 節で紹介した重い右巻きニュートリノにおける CP の破れを使って物質創生のシナリオを作る理論が有望視されている．この理論[2])では，粒子と反粒子の区別のつかない重たいマヨラナニュートリノが，(a) ヒッグス粒子 +（電子，ニュートリノ）に壊れる確率と，(b) 反ヒッグス粒子 +（陽電子，ニュートリノ）に壊れる確率が異なっていることで，レプトンの方に CP の破れが起こり，その結果バリオン（クォークの方）にも CP の破れが起こると説明する [64]．この理論が有望視されているのは，非常に軽いニュートリノと重たい右巻きニュートリノの質量を仮定すると，定量的に物質創生のシナリオを説明できるパラメータが存在するためである．ただし，重たい右巻きニュートリノは現在の加速器のエネルギーでは生成することはできず，軽いニュートリノの観測を通して間接的にこの理論の有効性を検討する．このために，

1. ニュートリノはマヨラナ粒子であるか
2. ニュートリノで CP 対称性は破れているか

が，重要な研究課題となる．ニュートリノがマヨラナ粒子かどうかは，5.3.2 項で説明したニュートリノを放出しない 2 重ベータ崩壊を通して検証できる．ここでは，ニュートリノにおける CP 対称性の破れについて紹介する．

　T2K 実験（5.1.2 項参照）は，ニュートリノ振動 $\nu_\mu \to \nu_e$ を測定している．ニュートリノで CP 対称性が破れていれば，ニュートリノ振動 $\nu_\mu \to \nu_e$ の確率と反ニュートリノ振動 $\overline{\nu}_\mu \to \overline{\nu}_e$ の確率が異なる．T2K 実験では反ニュートリノビーム（$\overline{\nu}_\mu$）の生成が可能で，ニュートリノと反ニュートリノにおける CP の破れの研究が進んでいる．また，スーパーカミオカンデ実験の後継実験であるハイパーカミオカンデ [65] が実現できれば，より高精度で CP の破れの研究が進むと期待されている．

[2)] レプトジェネシス（Leptogenesis）と呼ばれる．

6.3 陽子崩壊と大統一理論

陽子崩壊は，もし見つかれば世紀の大発見となる，大統一理論の直接の証拠となる現象である．2.1.2 項で説明したように，素粒子物理学には重力を除き，電磁気力，弱い力，強い力の 3 種類の力が存在する．大統一理論は，この 3 つの力の源が同じで，3 つの力が非常に高いエネルギーでは統一されると予言する[3]．さらに，大統一理論は 2.1.1 項で説明した，クォークとレプトンの統一も予言する．この結果，大統一理論では，物質の核になっている陽子が不安定であると予言し，

- $p \to e^+ + \pi^0$
- $p \to \nu + K^+$

のような崩壊を予言する．ここで，p が陽子，π^0 や K^+ は中間子と呼ばれる粒子である．陽子の寿命は，3 つの力が統一されるエネルギー（10^{15} GeV 以上と考えられている）と関係しており，これまでの測定から 10^{34} 年以上と考えられている．また，非常に軽いニュートリノ質量を自然に説明するためには，3.1 節で紹介したように非常に重い右巻きのマヨラナニュートリノが大統一のエネルギースケールに存在するのではと考えられている．さらに，超対称性を仮定した大統一理論では，3 つの力の結合定数が大統一のエネルギーで一致すると見積もられており，間接的に大統一理論を支持している．

カミオカンデの当初の目的が陽子崩壊の発見であったように，ニュートリノ実験と陽子崩壊探索実験の間には密接な関係がある．なぜニュートリノ測定器が陽子崩壊探索に活用できるのかを説明しよう．ニュートリノ実験装置の特徴は，非常に稀な信号であるニュートリノ反応を測定できるように設計されている．このために，

- 大量の標的がある．スーパーカミオカンデの場合は水 50,000 トン（正確には有効体積 2,2500 トン）が標的となる．
- バックグラウンドが少ない．宇宙線を避け地下深くに設置され，放射性不純物も極限まで減らしている．

---

[3] 電磁力と弱い力は電弱理論として統一的に扱える．

で，滅多に起こらないニュートリノ反応の観測が可能となっている．陽子崩壊は，ニュートリノ反応よりも稀な事象であり，その探索にはニュートリノ実験装置が適している．

　陽子崩壊はまだ発見されておらず，その寿命の制限に関してスーパーカミオカンデが世界記録をもっている．スーパーカミオカンデでは，1996 年の実験開始から，陽子崩壊をずっと探索してきており，信号が発見できないことから $p \to e^+ + \pi^0$ の寿命は 10^{34} 年，$p \to \nu + K^+$ は 10^{33} 年より長いことがわかってきた [66,67]．また，ハイパーカミオカンデ（計画）ができれば，10^{35} 年のレベルまで陽子崩壊の探索が可能となる．

第7章 ニュートリノ測定器

　この章では，本書を通して出てくるニュートリノ実験装置の概要を紹介する．また，最後に用語集と，米国元大統領ビル・クリントンがニュートリノ質量の発見について述べた MIT でのスピーチの一部を紹介する．

　表 7.1 はこの章で説明する，神岡にある日本のニュートリノ測定器をまとめている．

表 7.1　本書で紹介した日本のニュートリノ測定器：ハイパーカミオカンデは計画中の実験である．「光電子増倍管」は測定器内面に設置された光電子増倍管の個数，「エネルギー」は最低検出可能な電子のエネルギー (MeV)，「ニュートリノ」は測定しているニュートリノの種類で，例として「大気」は大気ニュートリノの観測を指している．

測定器	カミオカンデ	スーパーカミオカンデ	カムランド（禅）	ハイパーカミオカンデ
質量（トン）	3,000	50,000	1,000	1000,000
光電子増倍管	1,000	10,000,	1,300	100,000
エネルギー	6.5	～4	～0.2	6.5
運転期間	1983〜1996	1996〜	2002〜	
ニュートリノ	大気，太陽，超新星	大気，太陽，超新星，加速器，超新星残，宇宙	原子炉，地球，太陽，2重ベータ崩壊	大気，太陽，超新星，加速器，超新星残，宇宙

7.1　カミオカンデ測定器

　「カミオカンデ（KAMIOKANDE）」の名前は神岡核子崩壊実験を意味する KAMIOKA Nucleon Decay Experiment に由来する．当初は，核子崩壊を探索する目的で作製されたが，その後ニュートリノ観測装置に改良された[1]．地表

---
[1] 核子崩壊探索も同時に行える．

に降り注ぐ宇宙線（ミュー粒子）を避けるために，岐阜県飛騨市神岡町の地下 1000 m（実際は山頂から 1000 m 下）にカミオカンデ測定器は設置されている．カミオカンデ測定器は 3000 トンの水タンクと，その水タンクの内側を覗く 1000 本の 50 cm 径の大型光電子増倍管からなる．カミオカンデ測定器の概略を図 7.1 に示す [38]．

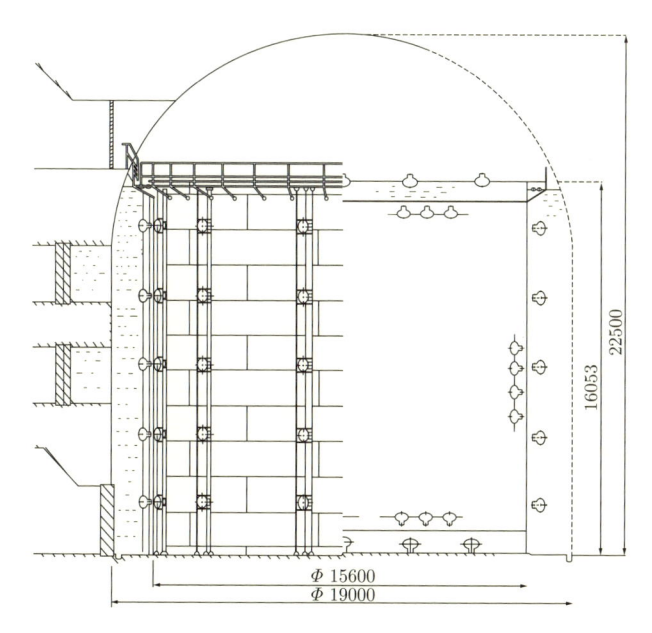

図 **7.1** カミオカンデ測定器 [38]．

カミオカンデの粒子測定原理を紹介する．ニュートリノ反応で生成される電子やミュー粒子（＋π 粒子や陽子）が水中の光速を超えるとチェレンコフ光を発生する．このチェレンコフ光は粒子の進行方向に対して，角度

$$\cos\theta = \frac{1}{n\beta} \tag{7.1}$$

の方向に放出される．ここで，n は物質の屈折率，β は光速 c に対する速度で $\beta \equiv \frac{v}{c}$ と定義される．チェレンコフ光を放出する条件は $\beta > \frac{1}{n}$ である．水の場合は $n = 1.33$ なので，$\beta > 0.75$（光速の 75 % 以上の速度）でチェレンコフ光が放出される．通常，電子やミュー粒子はほとんど光速に近い速度（$\beta \sim 1$）な

ので、チェレンコフ光は $\cos\theta = 0.75$ で $\theta = 42$ 度の方向に出る．ある点から出るチェレンコフ光は角度 θ をなす円錐状で、測定器では輪（リング）のようなイメージとなる．このリングのイメージを捕らえることで、粒子の進行方向と発生点が決まる．また、リングとして観測された光量が粒子のエネルギーに対応するので、リングのイメージから、エネルギー、運動量、発生点の構成が可能となる．さらに、電子は多重クーロン散乱をしながら移動し、移動中に δ 線を出すので、リングのイメージがぼやけることで識別でき、クリアーなリングイメージをもつミュー粒子と区別できる．リングの数（粒子の数に対応）を数えることも可能で、発生した粒子の個数も決定できる．

　カミオカンデの目となるのは、光電子増倍管と呼ばれる装置で、光子1個を観測できる性能をもつ．直径 50 cm の有効径をもつ光電子増倍管は浜松ホトニクスにより開発され、この大型高性能光電子増倍管の実現がカミオカンデ実験を可能にしたといえる．

　ニュートリノは、カミオカンデ内部の水分子とごく稀に反応し、その反応で出た電子やミュー粒子が発生するチェレンコフ光を捕らえることで、電子型ニュートリノやミュー型ニュートリノを測定する．ニュートリノの観測において重要なのは、そのバックグラウンドを極限まで下げることである．このために、カミオカンデで使用する水は放射性不純物を取り除いた超純水が利用されている．

　カミオカンデは1983年から実験を開始し、スーパーカミオカンデが始動する1996年まで稼働した．その間、超新星ニュートリノ、太陽ニュートリノ、大気ニュートリノ、陽子崩壊の探索で世界的な成果を上げた．

7.2　スーパーカミオカンデ測定器

　カミオカンデ測定器の後継測定器がスーパーカミオカンデで、1996年から実験を開始した．スーパーカミオカンデも神岡町の山中、地下 1 km のところに総重量5万トンの水のタンクを設置し、その内面40%を高受光感度をもつ 50 cm 径の大型光電子増倍管 10000 本で覆っている [68]．スーパーカミオカンデ測定器の概略を図 7.2 に示す [69]．カミオカンデからの改良点は、大質量（有効体積約20倍）、光電子増倍管の感度、より低いバックグラウンド環境にある．大質量は、稀なニュートリノ反応の観測確率を大幅に向上させる．光電子増倍

7.2 スーパーカミオカンデ測定器

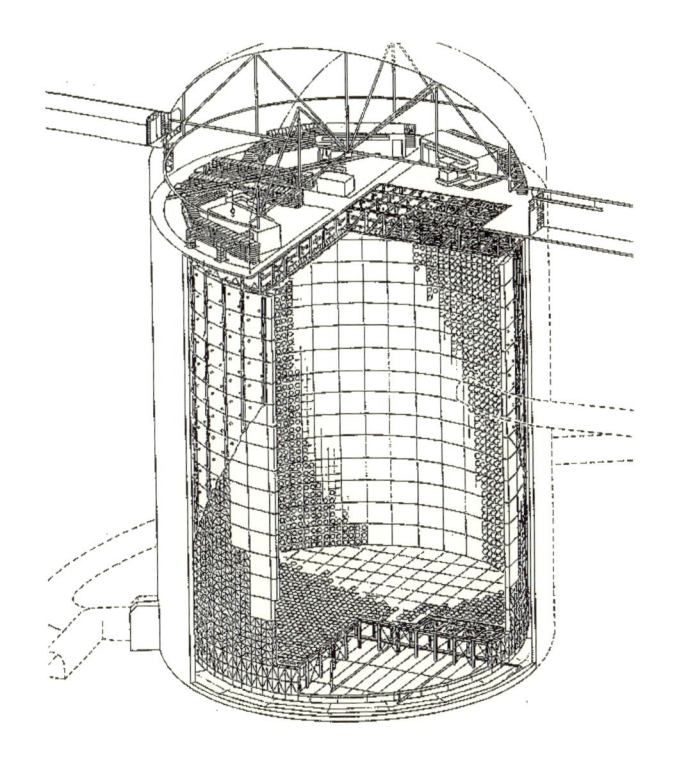

図 7.2 スーパーカミオカンデ測定器 [69].

管の受光面を増やすことで，少数の光子の事象を捕らえることが可能で，太陽ニュートリノで観測する電子の最低エネルギーとして〜4 MeV を達成した．また，電子とミュー粒子の識別能力も向上しており，誤認率は 1 %以下である．スーパーカミオカンデは稼働から 2 年後の 1998 年にニュートリノ振動を発見した（4.2.2 項と 8.2 節を参照）．

スーパーカミオカンデについてよくある質問は，それぞれのニュートリノをどのように区別しているかである．スーパーカミオカンデは，太陽ニュートリノ，大気ニュートリノ，加速器ニュートリノ，超新星ニュートリノ，宇宙ニュートリノを常時観測している．その識別方法を簡単に紹介しよう．

【太陽ニュートリノ】 太陽ニュートリノはエネルギーが比較的低く（<〜10 MeV），その反応で出る電子の方向が太陽と反対向き（図 4.4 参照）で

あることで識別する．スーパーカミオカンデでは 1 日約 100 事象の太陽ニュートリノが観測される．

- 【大気ニュートリノ】 エネルギーが広範囲に渡っており（100 〜 100000 MeV），このエネルギーに入ってくるものはほとんどが大気ニュートリノである．スーパーカミオカンデでは 1 日 10 事象の大気ニュートリノが観測される．
- 【加速器ニュートリノ】 加速器ニュートリノは，ニュートリノビームが数秒ごとに数マイクロ秒の間で発生するために，その時間からわかる．ニュートリノビームを生成した時間に観測されたニュートリノは加速器ニュートリノである．T2K の実験中は，1 日数個の加速器ニュートリノが観測される．
- 【超新星ニュートリノ】 超新星ニュートリノは，超新星爆発時の短時間の間に大量のニュートリノが観測される（図 4.12 参照）．よって，短時間の間（10 秒程度）に多数のニュートリノが観測された場合，超新星ニュートリノと判断する．スーパーカミオカンデは始動して約 20 年になるが，まだ超新星ニュートリノは観測されていない．
- 【宇宙ニュートリノ】 大気ニュートリノを超えるエネルギーのニュートリノ，もしくは目標天体の方向から飛来したニュートリノを宇宙ニュートリノとする．太陽ニュートリノを除いて，スーパーカミオカンデでは宇宙ニュートリノは観測されていない．

スーパーカミオカンデはニュートリノの研究と並行して，カミオカンデ実験の元々の動機であった陽子崩壊の探索も継続している．

7.3 カムランド（禅）測定器

カムランド測定器はカミオカンデ測定器があった跡地に設置された液体シンチレータを使ったニュートリノ測定器である [18]．カミオカンデ，スーパーカミオカンデは水チェレンコフ光を粒子の測定に利用していたが，カムランドではシンチレーション光を利用する．シンチレーション光はチェレンコフ光と比較すると発光量が非常に多いために，低いエネルギーの粒子を検出することが可能である．また，シンチレータの主成分は油であり，水と比べて液中に溶ける不純物が少なく，低いバックグラウンド環境の実現にも適している．よって，

7.3 カムランド（禅）測定器

電子の最低検出可能エネルギーが，カミオカンデで 6.5 MeV，スーパーカミオカンデで約 4 MeV なのに対して，カムランドは約 0.2 MeV と格段に低く，エネルギーの低いニュートリノの検出に適している．また，ニュートリノ反応で放出される中性子（式 (2.6) 参照）がシンチレータ中の水素原子（H）に吸収されて放出される 2.2 MeV の γ 線を観測できるため，中性子の検出が可能となっている[2]．

カムランド検出器の概略を図 7.3 に示す．

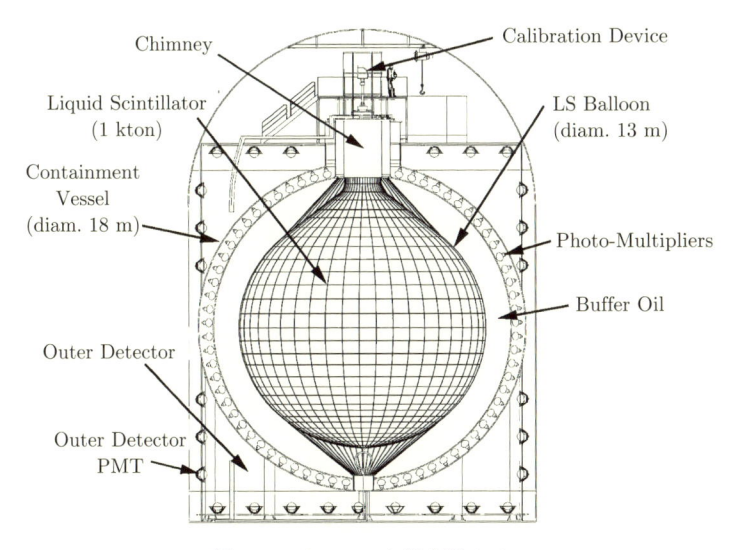

図 **7.3** カムランド測定器 [18]．

検出器は最外層が大型の水タンクになっており，その内側に直径 18 メートルの球形のタンクが設置され，1300 本の光電子増倍管が内面の 34%を覆うように配置されている．光電子増倍管は受光面の直径が 43 cm に改良されており，スーパーカミオカンデのものより時間性能が向上している．球形タンク内は発光しない鉱油で満たされていて[3]，さらにその内側に 1000 トンの液体シンチ

---

[2] 逆に液体シンチレータの欠点としては，水よりも単価が高いために，超大型測定器の建設は高価になる．また，シンチレータの主成分は油で可燃物としての取扱にも注意が必要である．

[3] 光電子増倍管には微量の放射性不純物が含まれており，光電子増倍管の周りにシンチレータがあると，シンチレータが発光し大量のバックグラウンドが生じてしまう．カ

レータを入れた直径 13 m の透明な風船が吊ってある．この 1000 トンの液体シンチレータが，カムランド実験の心臓部で，ニュートリノを検出する標的であり、かつニュートリノ反応で出てくる粒子を検出する測定器となっている．実験は 2002 年から開始され，原子炉反ニュートリノによるニュートリノ振動の測定，地球反ニュートリノの観測，太陽ニュートリノの観測を行ってきた[4]．

カムランド実験は，2012 年に，液体シンチレータの透明な風船の内側に，2重ベータ崩壊核である ^{136}Xe を溶解したシンチレータを入れた小型（直径 3 m）の風船を導入した．この実験を「カムランド禅」と呼ぶ [70]．^{136}Xe を溶解したシンチレータの総重量は 13 トンで，約 400 kg の ^{136}Xe が含まれている．

7.4　K2K 実験装置

K2K 実験は KEK-to(2)-Kamioka の略で，茨城県つくば市の KEK（高エネルギー加速器研究機構）にあった 12GeV-PS 陽子加速器でニュートリノビームを生成し，250 km 遠方にあるスーパーカミオカンデでニュートリノ振動を測定した．K2K 実験は 1999 年に実験を開始し，2004 年に実験を終了し，スーパーカミオカンデが大気ニュートリノで発見したニュートリノ振動を人工ニュートリノで追証した実験である [15]．実験装置は主に 3 つの部分から構成されており，ニュートリノビームを生成する発生装置（図 7.4），生成したニュートリノが振動する前に測定する KEK 内に設置された前置ニュートリノ測定器（図 7.5），そして振動したニュートリノを測定する後置測定器スーパーカミオカンデ（図 7.2）からなる [71]．

ニュートリノビーム発生装置の概要を説明する．陽子加速器（図 7.4 の右下の円形の装置）で陽子ビームが 12 GeV まで加速され，加速器から，図 7.4 の上方に取り出される．

2.2 秒ごとに 5×10^{12} 個の陽子ビームが約 1 マイクロ秒の間に取り出され，神岡の方向に向けるために 90° 曲げられ（図 7.4 の左方向）ニュートリノ生成標

ムランド実験では極低バックグランドを実現するために，光電子増倍管の周りは発光しない鉱物油が使われている．

[4] 大気ニュートリノと加速器ニュートリノの測定や陽子崩壊探索には大質量が必要で，安価な水を標的とすることで大質量を実現しているスーパーカミオカンデの方が適している．

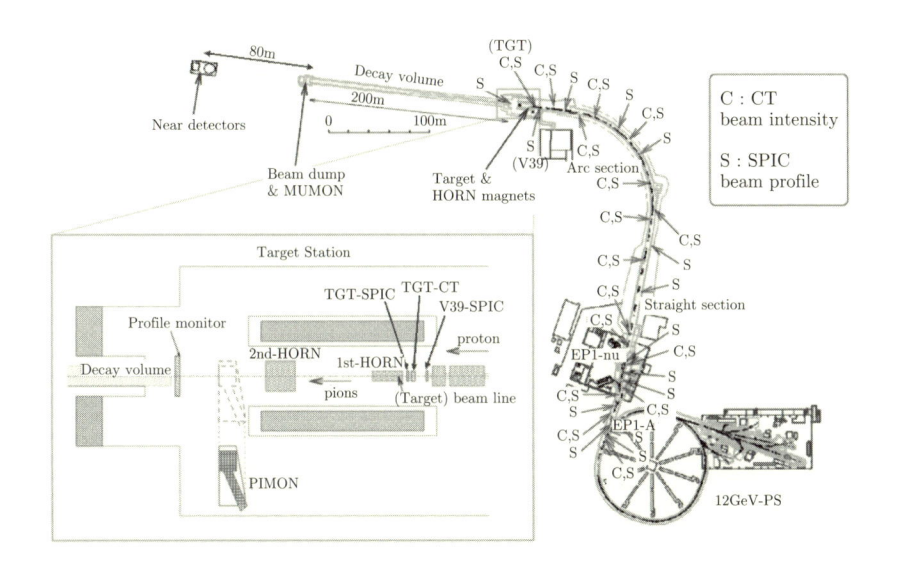

図 7.4 K2K 実験ニュートリノビーム発生施設 [71].

的（図 7.4 で TGT と書かれている箇所）に入射される．ニュートリノ生成標的では，陽子が標的と当たって大量（～ 10^{13} 個レベル）の π^+ 中間子が生成され，パルス磁場を印加する電磁ホーンという機器で神岡の方向にビームとして収束される．π^+ 中間子は，200 m ある崩壊領域（図 7.4 の Decay volume）で $\pi^+ \to \mu^+ + \nu_\mu$ （式 (5.2)）と崩壊し，ミュー型ニュートリノビーム（ν_μ）が生成される．ニュートリノビームはほぼ純粋な ν_μ ビームであるが，$\mu^+ \to e^+ + \nu_e + \overline{\nu}_\mu$ 崩壊で生成される電子型ニュートリノが約 1 ％混入している（5.1.2 項の脚注参照）．

生成されたミュー型ニュートリノビームのフラックス（収量とそのエネルギースペクトル）は，KEK 内に設置した前置ニュートリノ測定器で測定される．K2K 実験の前置測定器は，図 7.5 にあるように，1000 トンの水チェレンコフ測定器（1KT Water Cherenkov Detector），水標的シンチレーションファイバー飛跡検出器（SciFi Detector），全感知型シンチレータ飛跡検出器（SciBar Detector），ミューオン飛程検出器（Muon Range Detector）からなる．多種多様な検出器が設置されている理由は，ニュートリノ反応の詳細な研究のため，ニュートリノ反応で生成される全反応形式を測定するためである．K2K 実験のエネルギー

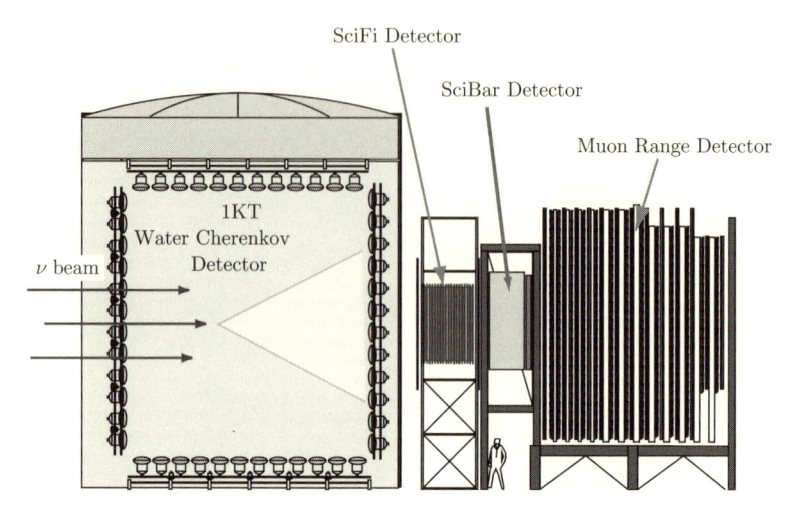

図 **7.5** K2K 実験前置ニュートリノ測定器 [71].

では次に示すような反応形式があり，電子，ミュー粒子とともに，陽子，π 中間を測定することも重要となる．

荷電カレント準弾性散乱 $\nu_\mu + n \to \mu^- + p$

中性カレント弾性散乱 $\nu_\mu + n(p) \to \nu_\mu + n(p)$

荷電カレント 1π 生成 $\nu_\mu + n(p) \to \mu^- + \pi^+ + n(p)$, $\nu_\mu + n \to \mu^- + \pi^0 + p$

中性カレント 1π 生成 $\nu_\mu + n(p) \to \nu_\mu + \pi^0 + n(p)$, $\nu_\mu + p \to \nu_\mu + \pi^+ + n$, $\nu_\mu + n \to \nu_\mu + \pi^- + p$

多重 π 生成反応（深非弾性散乱含む） $\nu_\mu + n(p) \to \mu^- + m\pi + X$, $\nu_\mu + n(p) \to \nu_\mu + m\pi + X$

ここで，p, n は陽子と中性子，$n(p)$ は中性子（陽子）のどちらでもよいこと，$m\pi$ の m は π の数，X は原子核が壊れたとき出てくる粒子全般を意味している．

7.5 T2K 実験装置

T2K 実験は，K2K 実験の後継実験であり，名前は Tokai-to(2)-Kamioka の略である．茨城県東海村の大強度陽子加速器施設 J-PARC でニュートリノビー

ムを生成し，J-PARC 内に設置された前置ニュートリノ測定器でニュートリノビームを測定し，295 km 遠方にあるスーパーカミオカンデでニュートリノ振動を**高精度で精密**に測定する [72]．K2K 実験との大きな違いは，加速器の強度（陽子の数）が桁違いに強くなっており，J-PARC は世界最高強度のビームを出せるように設計されている[5]．この大強度を使って，T2K 実験では世界最高強度のニュートリノビームが生成でき，そのおかげで世界最高精度でニュートリノ振動の研究が可能となっている．

T2K 実験のニュートリノビームの概略を図 7.6 に示す．T2K 実験でニュートリノビームを生成する方法は，基本的には K2K 実験と同じである．ただし，ビームの強度が格段に上がっているため，多くの革新的な技術が採用されている．図 7.6（上）は J-PARC 加速器から取り出される陽子ビームラインを示している．J-PARC 加速器で 30 GeV まで加速された 2×10^{14} 個の陽子のビームが 2.5 秒ごとに図 7.6（上）上側に取り出され，その後神岡の方向に 90° 曲げられる（図左側へ）．陽子ビームは図 7.6 中 (4)Target Station に設置された標的に当たり，大量の π 中間子が生成される．図 7.6（下）は Target Station 以降の拡大図である．生成された π 中間子は 3 台設置された（図 7.6（下）に拡大して示している）電磁ホーンで神岡の方向に向けられる．正確に言うと，T2K 実験は非軸ビーム生成法（Off-axis 法）を採用しており，神岡の方向から 2.5°ビーム軸をずらすことでニュートリノビームのエネルギーを振動が最大になる 600 MeV に調整している．図 7.6 中の Decay volume で $\pi^+ \to \mu^+ + \nu_\mu$（式 (5.2)）と崩壊してミュー型ニュートリノビームが生成される．T2K 実験でも，ミュー型ニュートリノビーム中に約 1 ％の割合で電子型ニュートリノが混入しており（K2K 実験の節参照），$\nu_\mu \to \nu_e$ 振動を測る際のバックグラウンドとなっている．T2K 実験では，電磁ホーンの磁場の向きを変えることで，π^- 粒子を収束することが可能で，その場合は $\pi^- \to \mu^- + \bar{\nu}_\mu$ 崩壊で反ミュー型ニュートリノビームの生成が可能である．6.2 節で説明したニュートリノにおける粒子と反粒子の対称性（CP 対称性）の破れを測定するためには，ニュートリノビームと反ニュートリノビームの両方が必要となる．

T2K 実験の前置ニュートリノ測定器の概略が図 7.7 である．T2K 実験の前置ニュートリノ測定器は，ビーム軸上に設置されたニュートリノビームモニター

---

[5] 本書を書いている 2015 年時点では，設計強度 750 kW に対して，372 kW のビームが出せている．世界記録は米国フェルミ研の 521 kW で，あと一歩である．

70　第7章　ニュートリノ測定器

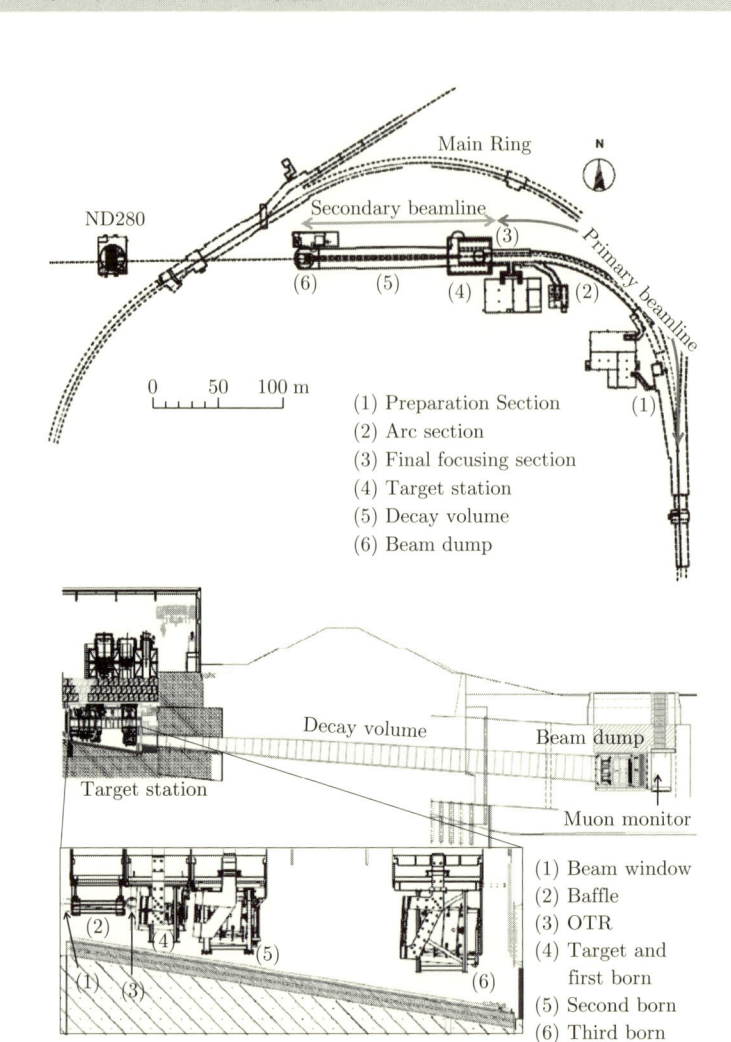

図 **7.6**　T2K 実験ニュートリノビーム発生施設 [72].

INGRID と神岡の方向に設置された（上で説明したようにビームの中心軸は 2.5°神岡方向からずれている）ND280 測定器からなる．ND280 測定器は，大型二極電磁石を採用し，荷電粒子の電荷と運動量の決定が可能となっている．電磁石による荷電粒子の電荷決定は，CP 対称性の測定で μ^+ と μ^- の識別において重要となる．

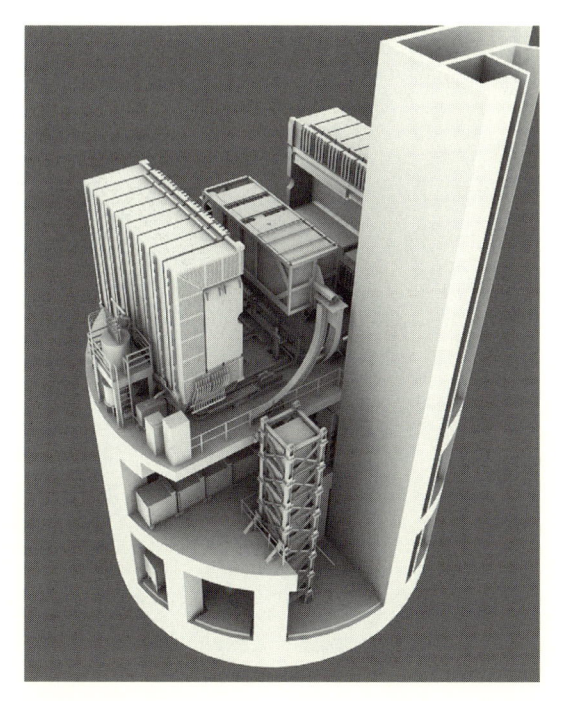

図 **7.7** T2K 実験前置ニュートリノ測定器 [72]：下からタワー状と中段で横一列に設置されている箱形の測定器が INGRID，上部に設置されている測定器が ND280 で，大型二極電磁石が開封されている状態にある．

7.6　IceCube 測定器

　IceCube は南極に設置されたニュートリノ望遠鏡である．装置の概略を図 7.8 に示す [73]．IceCube は南極の氷でニュートリノが反応し，その氷で放出されるチェレンコフ光を光電子増倍管で観測する．南極点の近傍の表面から 86 本の穴をあけ，その地下 1450 m から 2450 m の箇所に光電子増倍管を入れた Optical Sensor を総数 5160 個設置している [74]．IceCube 測定器の特徴はその大きさにあり，ニュートリノ標的となる氷の総重量は 1,000,000,000 トンともなる（スーパーカミオカンデの 20,000 倍）．このために，到来頻度の少ない宇宙ニュートリノの観測が可能となっている．ただし，光電子増倍管の占める面積はスーパーカミオカンデと比較して圧倒的に少ないために，チェレンコフ光を捕らえる確率が

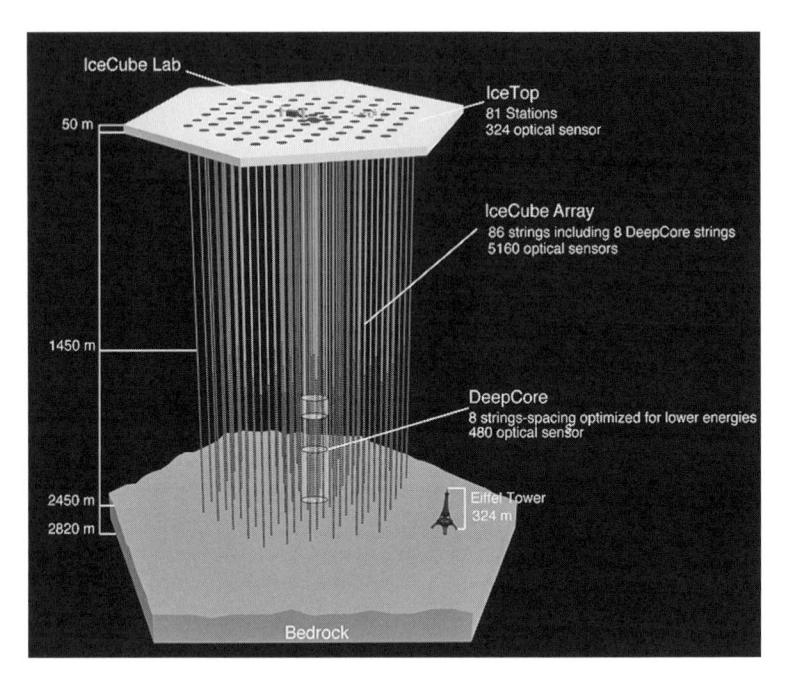

図 **7.8** IceCube 測定器 [73].

小さい．このために，大量のチェレンコフ光を出す，超高エネルギー（100 GeV 以上）ニュートリノが観測対象となる．

7.7　ハイパーカミオカンデ測定器（計画）

　スーパーカミオカンデ測定器の後継器として日本で計画されているのがハイパーカミオカンデ測定器である [65]．ハイパーカミオカンデ測定器のイメージを図 7.9 に示す．ハイパーカミオカンデは神岡の山中に建設を予定しており，J-PARC からのニュートリノビームと大気，太陽，超新星ニュートリノの研究を進める．ハイパーカミオカンデは，スーパーカミオカンデの 20 倍の総重量 1,000,000 トンをもち，観測できるニュートリノ数を 10 倍以上にすることで，ニュートリノ振動の測定精度を飛躍的に向上させる．使用する予定の光電子増倍管の総数は 100,000 本で，その性能も向上している（受光感度がスーパーカ

7.7 ハイパーカミオカンデ測定器（計画）

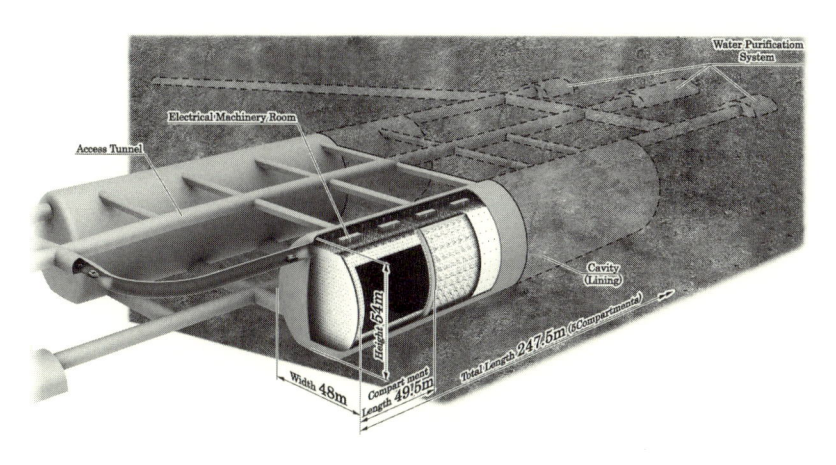

図 **7.9** ハイパーカミオカンデ測定器 [65].

ミオカンデのものより 2 倍近く向上）.

ハイパーカミオカンデはニュートリノ研究の究極の測定器で，ニュートリノに関して多方面の研究の展開が予定されている．その中でも，特に重要なものとして，ニュートリノにおける粒子・反粒子対称性の研究があげられる．また，その大質量を活かし，スーパーカミオカンデでは見つかっていない，陽子崩壊の発見が期待できる．

第8章 付録

8.1 用語集

本書を通して出てくる専門用語を以下に簡潔にまとめる.

- **自然単位系** 換算プランク定数 ($\hbar$), 光速度 (c), 万有引力定数 (G), クーロン力定数, ボルツマン定数 (k) を1と定義した単位系. その結果, 質量 (m) とエネルギー ($E = mc^2$) や運動量 ($p = mc$) が, 同じエネルギーの単位 [eV] で表せる.

- **電子ボルト (eV)** エネルギーの単位. 1 eV は電子を 1 V で加速したときに得られるエネルギー. 1 keV=1000 eV, 1 MeV=1000,000 eV, 1 GeV= 1000,000,000 eV, 1 TeV=1000,000,000,000 eV である.

- **反応断面積** 素粒子の反応の確率を表す物理量. 通常 σ という記号で表され, 面積の次元をもつ. 面積の次元をもつことから, 「的当て」の的の大きさをイメージしてもらえばよく, 小さな数字は小さな的で反応が起こり難いことを示す. 式 (4.9) で示した 10^{-44} cm^2 が的の大きさだと考えてもらえればよい.

- **バックグラウンド** 信号を探すときに, 間違って観測される (混入してくる) 信号の総称. ノイズのようなもの.

- **チェレンコフ光** 荷電粒子が物質中の光速を超えたときに発生する光. 粒子の検出に用いられる.

- **シンチレータ** 荷電粒子が入ったときにシンチレーション光を出す物質の総称. 放射線検出に利用される.

- **シンチレーション光** シンチレータから出る光. 一般に, チェレンコフ光よりも光量が多い.

光電子増倍管　　光を検出し，電気信号に変換する装置．1 光子の検出が可能である．スーパーカミオカンデでは 50 cm 直径の光電子増倍管が使われている．

加速器　　荷電粒子を加速する装置．加速できる粒子の種類（電子，陽子，重イオン），加速できるエネルギー，加速できるの粒子の数によって，様々な加速器が存在する．ヨーロッパの CERN にある加速器は世界最高エネルギー (6.5 TeV)，日本の KEK にある KEKB 加速器は世界最高輝度を達成している．日本の J-PARC は世界最高強度（粒子のエネルギーと数の積）を目指している．

電磁ホーン　　ニュートリノビームを生成するための実験装置．陽子ビームで生成される π 中間子を収束する機能をもつ．

8.2　米国元大統領 Bill Crinton の MIT でのスピーチ

ニュートリノ振動発見のとき（1998 年 6 月 6 日）に，米国元大統領 Bill Crinton が MIT で行ったスピーチの一部を以下に抜粋する [75]．ニュートリノの研究，一般の基礎研究がどのように我々の社会に影響を与えるか，明瞭簡潔に述べられていて興味深い（最後の斜体の部分）．

We must help you to ensure that America continues to lead the revolution in science and technology. Growth is a prerequisite for opportunity, and scientific research is a basic prerequisite for growth. **Just yesterday in Japan, physicists announced a discovery that tiny neutrinos have mass.** Now, that may not mean much to most Americans, but it may change our most fundamental theories – from the nature of the smallest subatomic particles to how the universe itself works, and indeed how it expands.

This discovery was made, in Japan, yes, but it had the support of the investment of the U.S. Department of Energy. This discovery calls into question the decision made in Washington a couple of years ago to disband the Superconducting Supercollider, and it reaffirms the importance of the work now being done at the Fermi National Acceleration Facility in Illinois.

The larger issue is that these kinds of findings have implications that are not limited to the laboratory. They affect the whole of society – not only our economy, but our very view of life, our understanding of our relations with others, and our place in time.

参考文献

[1] M. Kobayashi and T. Maskawa, Prog. Theor. Phys. **49**, 652 (1973).

[2] G. Aad *et al.* [ATLAS Collaboration], Phys. Lett. B **716**, 1 (2012)

[3] S. Chatrchyan *et al.* [CMS Collaboration], Phys. Lett. B **716**, 30 (2012)

[4] C. L. Cowan, F. Reines, F. B. Harrison, H. W. Kruse and A. D. McGuire, Science **124**, 103 (1956).

[5] M. Goldhaber, L. Grodzins and A. W. Sunyar, Phys. Rev. **109**, 1015 (1958).

[6] G. Danby, J. M. Gaillard, K. A. Goulianos, L. M. Lederman, N. B. Mistry, M. Schwartz and J. Steinberger, Phys. Rev. Lett. **9**, 36 (1962).

[7] D. Decamp *et al.* [ALEPH Collaboration], Phys. Lett. B **231**, 519 (1989).

[8] K. A. Olive *et al.* [Particle Data Group Collaboration], Chin. Phys. C **38**, 090001 (2014) and 2015 update.

[9] S. Schael *et al.* [ALEPH and DELPHI and L3 and OPAL and SLD and LEP Electroweak Working Group and SLD Electroweak Group and SLD Heavy Flavour Group Collaborations], Phys. Rept. **427**, 257 (2006)

[10] K. Kodama *et al.* [DONUT Collaboration], Phys. Lett. B **504**, 218 (2001)

[11] T. Yanagida, Prog. Theor. Phys. **64**, 1103 (1980).

[12] Z. Maki, M. Nakagawa and S. Sakata, Prog. Theor. Phys. **28**, 870 (1962).

[13] B. Pontecorvo, Sov. Phys. JETP **7**, 172 (1958) [Zh. Eksp. Teor. Fiz. **34**, 247 (1957)].

[14] Y. Fukuda *et al.* [Super-Kamiokande Collaboration], Phys. Rev. Lett. **81**, 1562 (1998)

[15] E. Aliu *et al.* [K2K Collaboration], Phys. Rev. Lett. **94**, 081802 (2005)

[16] Q. R. Ahmad *et al.* [SNO Collaboration], Phys. Rev. Lett. **89**, 011301 (2002)

[17] Q. R. Ahmad *et al.* [SNO Collaboration], Phys. Rev. Lett. **89**, 011302 (2002)

[18] K. Eguchi *et al.* [KamLAND Collaboration], Phys. Rev. Lett. **90**, 021802 (2003)

[19] K. Abe *et al.* [T2K Collaboration], Phys. Rev. Lett. **107**, 041801 (2011)

[20] F. P. An *et al.* [Daya Bay Collaboration], Phys. Rev. Lett. **108**, 171803 (2012)

[21] K. Abe *et al.* [T2K Collaboration], Phys. Rev. D **91**, no. 7, 072010 (2015)

[22] L. Wolfenstein, Phys. Rev. D **17**, 2369 (1978).

[23] S. P. Mikheev and A. Y. Smirnov, Sov. J. Nucl. Phys. **42**, 913 (1985) [Yad. Fiz. **42**, 1441 (1985)].

[24] C. Kraus *et al.*, Eur. Phys. J. C **40**, 447 (2005)

[25] P. A. R. Ade *et al.* [Planck Collaboration], Astron. Astrophys. **571**, A16 (2014)

[26] G. Bellini *et al.* [BOREXINO Collaboration], Nature **512**, no. 7515, 383 (2014).

[27] J. N. Bahcall, A. M. Serenelli and S. Basu, Astrophys. J. **621**, L85 (2005).

[28] R. Davis, Jr., D. S. Harmer and K. C. Hoffman, Phys. Rev. Lett. **20**, 1205 (1968).

[29] K. S. Hirata *et al.* [Kamiokande-II Collaboration], Phys. Rev. Lett. **63**, 16 (1989).

[30] S. Fukuda *et al.* [Super-Kamiokande Collaboration], Phys. Rev. Lett. **86**, 5651 (2001)

[31] S. Fukuda *et al.* [Super-Kamiokande Collaboration], Phys. Rev. Lett. **86**, 5656 (2001)

[32] S. N. Ahmed *et al.* [SNO Collaboration], Phys. Rev. Lett. **92**, 181301 (2004)

[33] K. S. Hirata *et al.* [Kamiokande-II Collaboration], Phys. Lett. B **280**, 146 (1992).

[34] Y. Fukuda *et al.* [Kamiokande Collaboration], Phys. Lett. B **335**, 237 (1994).

[35] K. Abe *et al.* [Super-Kamiokande Collaboration], Phys. Rev. Lett. **110**,

no. 18, 181802 (2013)

[36] T. Araki *et al.*, Nature **436**, 499 (2005).

[37] A. Gando *et al.* [KamLAND Collaboration], Nature Geo. **4** (2011) 647.

[38] K. Hirata *et al.* [Kamiokande-II Collaboration], Phys. Rev. Lett. **58**, 1490 (1987).

[39] R. M. Bionta *et al.*, Phys. Rev. Lett. **58**, 1494 (1987).

[40] T. Totani, K. Sato, H. E. Dalhed and J. R. Wilson, Astrophys. J. **496**, 216 (1998)

[41] K. Bays *et al.* [Super-Kamiokande Collaboration], Phys. Rev. D **85**, 052007 (2012)

[42] K. Greisen, Phys. Rev. Lett. **16**, 748 (1966).

[43] G. T. Zatsepin and V. A. Kuzmin, JETP Lett. **4**, 78 (1966) [Pisma Zh. Eksp. Teor. Fiz. **4**, 114 (1966)].

[44] M. G. Aartsen *et al.* [IceCube Collaboration], Phys. Rev. Lett. **113**, 101101 (2014)

[45] S. H. Kim, K. i. Takemasa, Y. Takeuchi and S. Matsuura, J. Phys. Soc. Jap. **81**, 024101 (2012)

[46] K. Abe *et al.* [T2K Collaboration], Phys. Rev. Lett. **112**, 061802 (2014)

[47] N. Agafonova *et al.* [OPERA Collaboration], Phys. Rev. Lett. **115**, no. 12, 121802 (2015)

[48] R. B. Patterson [NOvA Collaboration], Nucl. Phys. Proc. Suppl. **235-236**, 151 (2013)

[49] P. Adamson *et al.* [MINOS Collaboration], Phys. Rev. Lett. **101**, 131802 (2008)

[50] T. Araki *et al.* [KamLAND Collaboration], Phys. Rev. Lett. **94**, 081801 (2005)

[51] F. P. An *et al.* [Daya Bay Collaboration], Phys. Rev. Lett. **115**, no. 11, 111802 (2015)

[52] Y. Abe *et al.* [Double Chooz Collaboration], JHEP **1410**, 086 (2014) [JHEP **1502**, 074 (2015)]

[53] J. K. Ahn *et al.* [RENO Collaboration], Phys. Rev. Lett. **108**, 191802 (2012)

[54] A. Osipowicz et al. [KATRIN Collaboration "KATRIN: A Next generation tritium beta decay experiment with sub-eV sensitivity for the electron neutrino mass. Letter of intent," hep-ex/0109033.

[55] V. N. Aseev et al. [Troitsk Collaboration], Phys. Rev. D **84**, 112003 (2011)

[56] J. Wolf [KATRIN Collaboration], Nucl. Instrum. Meth. A **623**, 442 (2010)

[57] M. Fukugita and T. Yanagida, Berlin, Germany: Springer (2003) 593 p

[58] A. Gando et al. [KamLAND-Zen Collaboration], Phys. Rev. Lett. **110**, no. 6, 062502 (2013)

[59] S. Geer, Phys. Rev. D **57**, 6989 (1998) [Phys. Rev. D **59**, 039903 (1999)]

[60] P. Zucchelli, Phys. Lett. B **532**, 166 (2002).

[61] C. Athanassopoulos et al. [LSND Collaboration], Phys. Rev. Lett. **77**, 3082 (1996)

[62] A. D. Sakharov, Pisma Zh. Eksp. Teor. Fiz. **5**, 32 (1967) [JETP Lett. **5**, 24 (1967)] [Sov. Phys. Usp. **34**, 392 (1991)] [Usp. Fiz. Nauk **161**, 61 (1991)].

[63] M. B. Gavela, P. Hernandez, J. Orloff, O. Pene and C. Quimbay, Nucl. Phys. B **430**, 382 (1994)

[64] M. Fukugita and T. Yanagida, Phys. Lett. B **174**, 45 (1986).

[65] K. Abe et al., "Letter of Intent: The Hyper-Kamiokande Experiment — Detector Design and Physics Potential —," arXiv:1109.3262 [hep-ex].

[66] H. Nishino et al. [Super-Kamiokande Collaboration], Phys. Rev. Lett. **102**, 141801 (2009)

[67] K. Abe et al. [Super-Kamiokande Collaboration], Phys. Rev. D **90**, no. 7, 072005 (2014)

[68] Y. Fukuda et al. [Super-Kamiokande Collaboration], Nucl. Instrum. Meth. A **501**, 418 (2003).

[69] Y. Ashie et al. [Super-Kamiokande Collaboration], Phys. Rev. D **71**, 112005 (2005)

[70] A. Gando et al. [KamLAND-Zen Collaboration], Phys. Rev. C **85**, 045504 (2012)

[71] M. H. Ahn et al. [K2K Collaboration], Phys. Rev. D **74**, 072003 (2006)

[72] K. Abe et al. [T2K Collaboration], Nucl. Instrum. Meth. A **659**, 106 (2011)

[73] IceCube Collaboration [http://icecube.wisc.edu/gallery/view/140]

[74] M. G. Aartsen *et al.* [IceCube Collaboration], Nucl. Instrum. Meth. A **711**, 73 (2013)

[75] W. J. Clinton, Weekly Compilation of Presidential Documents **34**, Issue23, 1050 (June 8, 1998)

索 引

■英数字▶

α 線 ···································· 8
β 線 ···································· 8
$\Delta m^2 \equiv m_2^2 - m_1^2$ ············ 17
Δm_{21}^2 ································ 17
Δm_{31}^2 ································ 17
Δm_{32}^2 ································ 17
γ[光子] ································ 4
γ 線 ···································· 8
π 中間子 ································ 28
θ_{12} ····································· 17
θ_{13} ····································· 17
θ_{23} ····································· 17
^{8}B プロセス ···························· 25
Z^0 ·· 7
2 重ベータ崩壊 ························ 50
3 種類の相互作用 ······················ 7
Art B. McDonald ······················ 2
CP 対称性 ······························· 56
Daya Bay 実験 ················ 18, 49
DONUT 実験 ·························· 11
Double Chooz 実験 ·················· 49
GZK（Greisen-Zatsepin-Kuzmin）限界 ·· 39
IceCube ······························ 39, 71
IMB 測定器 ····························· 35
J-PARC ···································· 42
K2K 実験 ······················· 18, 43
KATRIN 実験 ·························· 51
LSND 実験 ······························ 55
MAC-E フィルター ············ 50, 51
Mainz 実験 ······························ 50
MINOS 実験 ···························· 46
MSW 効果 ······························· 19
NOvA 実験 ······························ 46
OPERA 実験 ···························· 46
RENO 実験 ······························ 49
SNO 実験 ······················· 18, 26
T2K 実験 ······················· 18, 43
Troitsk 実験 ···························· 50
$W^\pm$, W 粒子 ··························· 7, 9

■あ▶

暗黒エネルギー ·························· 2
暗黒物質 ···························· 2, 56

ウィークボソン ·························· 7
ウォルフェンシュタイン（L. Wolfenstein） ··························· 19
宇宙高エネルギーニュートリノ ···· 38
宇宙構造の解析 ························ 20
宇宙線 ····································· 28
宇宙ニュートリノ ············ 20, 64
宇宙の進化 ······························· 20
宇宙背景ニュートリノ ·············· 40
宇宙背景放射（CMB） ······· 20, 39

液体シンチレータ ······················ 64

■か▶

カイラリティ ······························ 7
鏡の世界 ·································· 10
核子崩壊 ·································· 60
核子（陽子と中性子） ·············· 28
核融合 ····································· 22
梶田隆章 ···································· 2
仮想的な粒子 ······························ 9
加速器 ································ 3, 42

加速器ニュートリノビーム ····· 18, 32,
　　42, 64
活動銀河核 ································· 39
荷電カレント 1π 生成 ················ 68
荷電カレント準弾性散乱 ··········· 68
荷電カレント反応 ······················ 27
カミオカンデ実験 ············ 3, 24, 28
カミオカンデ測定器 ·················· 60
カムランド（禅）実験 ······· 18, 47, 53
カラー電荷 ································· 5

逆ベータ崩壊過程 ······················ 47
鏡映対称性 ······························· 10

クォーク ····································· 4
グルーオン ·································· 7

ゲージ粒子 ·································· 4
ゲージ理論 ·································· 7
原子核 ··· 5
原子炉 ································· 3, 42
原子炉 θ_{13} 実験 ························· 49
原子炉反ニュートリノ ·············· 18

高エネルギー天体 ······················ 39
光子（γ）···································· 7
光電子増倍管 ····························· 60
ゴールドハーバー（M. Goldhaber）
　　10
小柴昌俊 ······························ 3, 24
小林・益川理論 ··················· 6, 56
固有状態 ···································· 12
質量固有状態の重ね合わせ ······ 12
混合角（mixing angle）········ 16, 17

さ

サハロフの 3 条件 ···················· 56

シーソー模型（seesaw model）····· 15
磁気能率 ···································· 37
自然ニュートリノ ························ 3
質量行列 ···································· 14
質量項 ··· 7

質量固有状態 ····························· 12
質量の 2 乗の差 ························ 17
重水（D_2O）······························ 26
重水素（D）······························· 26
重陽子（$d \equiv p+n$）················· 26
重力 ··· 7
準弾性散乱 ······························· 28
人工ニュートリノ ························ 3
人工ニュートリノ実験 ·············· 42
シンチレーション光 ·················· 64
深非弾性散乱 ····························· 68

スーパーカミオカンデ実験 ···· 3, 24,
　　31
スーパーカミオカンデ測定器 ··· 62
ステライルニュートリノ ····· 11, 55
スピン ··· 5
スミルノフ（A. Smirnov）········ 19

赤色超巨星ベテルギウス ·········· 38
世代 ··· 6

素粒子 ··· 4
素粒子の標準模型 ······················ 5

た

大気ニュートリノ ··········· 18, 28, 64
大気ニュートリノ異常 ·············· 29
大統一理論 ·························· 15, 58
太陽ニュートリノ ··········· 18, 22, 63
太陽ニュートリノ問題 ·············· 24
タウ型ニュートリノ ··············· 6, 11
タウ粒子 ······································ 6
多重 π 生成反応 ························ 68
弾性散乱 ···································· 27

チェレンコフ光 ························· 61
チェレンコフリング ············ 29, 31
遅延同時計測法 ························· 47
地球の熱源 ································ 33
地球反ニュートリノ ·················· 33
チャドウィック（J. Chadwick）····· 9
中性カレント 1π 生成 ··············· 68

索引

中性カレント弾性散乱 68
中性カレント反応 27
中性子 5
超新星 3
超新星 SN1987A 35
超新星ニュートリノ 35, 64
超新星背景ニュートリノ 35, 38

強い相互作用 5
強い力 7

デイビス (R. Davis Jr.) 22
ディラック質量 13
ディラック粒子 14
電子型ニュートリノ 6
電磁相互作用 7
電磁ホーン 43, 67, 69
電磁力 7

トリチウム (3重水素) ^{3}H のベータ
  崩壊 50

■な▶

ニュートリノ 41
ニュートリノ仮説 8
ニュートリノ質量 3, 12
ニュートリノ質量の和 20
ニュートリノ寿命 37
ニュートリノ振動 2, 15
ニュートリノ振動のパラメータ 18
ニュートリノ測定器 60
ニュートリノ天文学 37
ニュートリノの種類数 10
ニュートリノの電荷 37
ニュートリノの発見 9
ニュートリノビーム発生装置 66
ニュートリノファクトリー 54
ニュートリノ望遠鏡 39

■は▶

ハイパーカミオカンデ 57, 72
パウリ (W. Pauli) 2, 9
バリオン 56

バリオン数 56
パリティ 10
パリティ対称性 10
パリティの破れ 10
反中性子 6
反ニュートリノ 9
反物質 6, 56
反陽子 6
反粒子 6, 56

ビーム 54
非軸ビーム生成法 (Off-axis 法) .. 69
左巻き 7, 10
ヒッグス粒子 4, 7
ビッグバン宇宙論 22
標準太陽模型 24
標準模型 4

不安定原子核 54
フェルミ関数 20
フェルミ粒子 5
複素位相 δ 17
物質創生のシナリオ 56
物質中でのニュートリノ振動 19
プランク衛星 20

ベータ崩壊 8
ヘリシティ 10

崩壊 41
放射性元素 3, 42
放射性同位元素 42
放射線 8
ボーズ粒子 5
ホームステイク 23
ポンテコルボ・牧・中川・坂田
  (Pontecorvo-Maki-Nakagawa-
  Sakata) 行列
  16

■ま▶

マヨラナ質量 13
マヨラナ粒子 14

右巻きニュートリノ 14, 57
ミケエフ（S. Mikheyev）............ 19
ミュー型ニュートリノ 6, 11
ミュー粒子 6

や

陽子 5
陽子加速器 42
陽子加速天体 39
陽子の中性子化 35
陽子崩壊 28, 56, 58
陽電子（e^+）............................ 6
弱い相互作用 8
弱い力 7

ら

ライネス（F. Reines）........... 2, 10
ラグランジアン 7

粒子と反粒子対称性 56
粒子・反粒子対称性 5
量子力学 12

レダーマン（L.M.Lederman）...... 11
レプトジェネシス 57
レプトン 4

著者紹介

中家　剛（なかや　つよし）

1990 年　大阪大学理学部　卒業
1995 年　大阪大学大学院理学研究科物理学専攻　博士課程修了　博士（理学）
1995 年　日本学術振興会海外特別研究員（米国フェルミ国立加速器研究所所属）
1997 年　シカゴ大学 Enrico-Fermi-Institute　フェルミ研究員
1999 年　京都大学大学院理学研究科　助手
2002 年　京都大学大学院理学研究科　助教授
2009 年-現在　京都大学大学院理学研究科　教授
2008 年-現在　東京大学カブリ数物連携宇宙研究機構　客員研究員併任
専　　門　素粒子物理学, ニュートリノ実験
趣　　味　旅行, 読書, スキー, 釣り, 散歩, 週一の水泳
受 賞 歴　2014 年　仁科記念賞
　　　　　2015 年　第 6 回戸塚洋二賞
　　　　　2016 年　基礎物理学ブレークスルー賞（K2K/T2K 実験グループ一員として）

基本法則から読み解く 物理学最前線 9
ニュートリノ物理
ニュートリノで探る素粒子と宇宙
Neutrino Physics
―Particle Physics and
Cosmology with Neutrinos―

2016 年 3 月 25 日　初版 1 刷発行

著　者　中家　剛 ⓒ 2016
監　修　須藤彰三
　　　　岡　真
発行者　南條光章
発行所　共立出版株式会社
　　　　東京都文京区小日向 4-6-19
　　　　電話　03-3947-2511（代表）
　　　　郵便番号　112-0006
　　　　振替口座　00110-2-57035
　　　　URL http://www.kyoritsu-pub.co.jp/

印　刷
製　本　藤原印刷

検印廃止
NDC 429.6
ISBN 978-4-320-03529-4

NSPA　一般社団法人
　　　　自然科学書協会
　　　　会員

Printed in Japan

JCOPY ＜出版者著作権管理機構委託出版物＞
本書の無断複製は著作権法上での例外を除き禁じられています。複製される場合は, そのつど事前に, 出版者著作権管理機構（TEL：03-3513-6969, FAX：03-3513-6979, e-mail：info@jcopy.or.jp）の許諾を得てください。